V. TISSOT
& C. AMÉRO



# LE PÔLE NORD

PARIS
FIRMIN-DIDOT & Cie
ÉDITEURS

LE

# PÔLE NORD

ET LE PÔLE SUD

TYPOGRAPHIE FIRMIN-DIDOT. — MESNIL (EURE).

# LE
# PÔLE NORD
ET
# LE PÔLE SUD

PAR

V. TISSOT ET C. AMÉRO

---

OUVRAGE ILLUSTRÉ DE 93 GRAVURES

PARIS
LIBRAIRIE DE FIRMIN-DIDOT ET Cie
IMPRIMEURS DE L'INSTITUT, RUE JACOB, 56

1889

# LE PÔLE NORD

ET

# LE PÔLE SUD.

## I.

Le pôle nord. — Aspect des régions polaires. — Étranges lois physiques. — Dangers de la navigation. — Comment se forment les montagnes de glace. — L'hiver. — Les tourmentes de neige. — Navires emprisonnés dans les glaces. — La nuit polaire. — Aurores boréales. — Retour du soleil. — Effets de mirage.

S'il est une contrée mystérieuse entre toutes, c'est bien cette région du pôle nord dont l'inconnu exerce une si grande attraction, qui fait naître des illusions si généreuses et ne livre un à un ses secrets qu'au prix de tant de sacrifices héroïques, de tant d'efforts, de tant de deuils!

La fin dramatique de sir John Franklin et de ses compagnons dans les mers arctiques, les expéditions successives entreprises par l'Angleterre et les États-Unis pour découvrir leurs traces, ont attiré l'attention sur ces contrées hostiles, où la création semble finir et le chaos recommencer.

Le capitaine Mac-Clintock constata, en 1859, que les

équipages de *l'Érèbe* et de *la Terreur* avaient péri misérablement. Lorsque l'impression douloureuse causée par la certitude de ce désastre se fut un peu dissipée, on se trouva ramené à l'objet même de l'expédition de Franklin, qui était, on se le rappelle, la recherche d'un passage d'Europe en Asie en suivant la direction nord-ouest. En même temps, les notions récemment acquises sur la configuration des terres boréales fournissaient la preuve que ce passage existait réellement, que sir John Franklin avait été bien près de l'atteindre, mais que la science seule devait profiter des résultats obtenus, ce passage ne pouvant être utilisé pour la navigation, du moins dans l'état actuel de nos moyens maritimes.

Depuis la constatation, par M. Nordenskiöld, de la possibilité de suivre de l'ouest à l'est les côtes de la Norvège, de la Russie et de la Sibérie jusqu'au détroit de Behring, c'est-à-dire d'aller réellement d'Europe en Asie par l'océan Glacial, la recherche d'un passage par le nord-ouest a beaucoup perdu de son intérêt.

Toutefois, un grand pas a été fait dans la connaissance des régions circumpolaires. La géographie se trouve avoir largement bénéficié de tous les voyages entrepris depuis le commencement de ce siècle; ils lui ont donné le tracé à peu près définitif d'une partie du globe jusque-là à peine entrevue.

Ce n'est pas tout. Plusieurs découvertes faites par les Parry, les Mac-Clure, les Mac-Clintock, les Kane, les Hayes, les Weyprecht intéressent diverses branches des sciences physiques, et doivent recevoir d'utiles applications. C'est dans la région arctique qu'a été trouvée la loi des courants mystérieux qui, semblables à deux fleuves immenses, traversent les vastes espaces de

Fig. 1. — Terre du roi Guillaume. (Parhélie.)

l'Océan : le *gulf-stream* et l'*ice-stream* (1) (le courant chaud qui s'élève au nord, et le courant glacé qui en descend). C'est dans la terre Boothia que les deux Ross ont atteint pour la première fois le pôle magnétique, ce

Fig. 2. — La parasélène.

point central autour duquel tourne l'aiguille de la boussole sur une moitié de l'hémisphère nord. Les nombreuses observations des explorateurs autour de ce centre ont beaucoup ajouté à ce que nous savions sur les lois de la déclinaison et de l'intensité magnétiques.

(1) Le « courant du golfe » et le « courant froid ». Prononcez : *gueulf strime* et *aïce strime*.

Les régions polaires offrent à l'imagination un attrait irrésistible.

Rien ne s'y règle sur les lois auxquelles nous sommes accoutumés.

L'hiver y dure neuf mois; le printemps y apparaît en juillet. Au 80e degré de latitude, l'année n'a qu'un jour de six mois et une nuit d'une étendue égale : du jour sans fin de l'été, on passe, à travers le crépuscule d'automne, à la nuit sans fin de l'hiver.

Les fleuves, s'arrêtant dans leur marche, donnent naissance à d'immenses glaciers, auprès desquels ceux des Alpes ne sont que des miniatures; et de ces glaciers se détachent incessamment d'énormes montagnes, que les courants charrient. Ces blocs, tribut des continents, envahissent la mer, tandis que celle-ci se solidifie sous l'action du froid et, se refusant à la navigation, permet les traversées à pied et en traîneau.

On voit là des aurores boréales, accompagnées d'étranges phénomènes météorologiques : l'aurore boréale s'évanouit-elle, la lune radieuse demeure, une lune infatigable qui ignore son coucher, une lune victorieuse qui transforme en jours les longues nuits du solstice d'hiver. Tantôt, reine du jour et de la nuit, elle s'entoure de halos et de grandes couronnes d'or; tantôt, comme si elle se mirait coquettement dans plusieurs glaces, elle se multiplie par le mirage de la parasélène.

Après les nuits du solstice d'hiver, lorsque la pâle étoile du jour a reparu dans le ciel, c'est le phénomène de la parhélie, qui se produit le plus souvent avec deux ou trois faux soleils, quelquefois avec quatre, avec huit et même seize spectres lumineux qui deviennent les centres d'autant de circonférences; parfois même, horizontale au

Fig. 3. — Le premier glaçon.

lieu d'être verticale, elle entoure le spectateur d'une multitude d'images solaires et le transporte comme sous un dôme, dont le pourtour serait illuminé par des lanternes vénitiennes.

Tout enfin, dans ces régions, présente un saisissant contraste avec le monde dans lequel nous vivons.

Nous venons de dire que sous le 80° degré un jour de six mois succède à une nuit d'une égale durée. Il convient de préciser. Sous le 80° parallèle, le soleil se maintient sur l'horizon pendant 134 jours et reste couché pendant 127. Le pôle voit régner tour à tour une nuit et un jour absolus, l'une depuis le milieu du mois de novembre jusqu'au commencement du mois de février, et l'autre depuis le 21 mars jusqu'au 23 septembre.

Le crépuscule polaire n'est pas le phénomène le moins remarquable et le moins curieux qu'offrent ces contrées lointaines. On sait que le crépuscule est dû à la réfraction, par l'atmosphère, des rayons du soleil abaissé au-dessous de l'horizon. Cette clarté indirecte s'affaiblit peu à peu, puis elle s'évanouit complètement et fait place à la nuit. Or, si l'on songe que le soleil tourne à quelques degrés au-dessous de l'horizon, pendant des mois entiers, au commencement et à la fin de l'hiver polaire, on s'expliquera la longue durée du crépuscule sous ces latitudes.

Il semble, en ces contrées, que la nature ait voulu dire à l'homme : « Tu n'iras pas plus loin. » Cependant, rien ne l'arrête. A peine le marin a-t-il quitté Uppernawick, dernier établissement danois sur le littoral du Groënland, qu'il se trouve aux prises avec les dangers d'une navigation pour laquelle un apprentissage ne peut avoir été fait ailleurs. Aux tempêtes qui se déchaînent sur toutes les mers, s'ajoutent ici des périls inaccoutumés.

Ce sont d'abord des montagnes de glaces flottantes, dites *icebergs*, qui s'avancent de plus en plus rapprochées entre elles, parfois enveloppées d'un brouillard intense qu'elles semblent retenir autour de leurs sommets, comme pour traîtreusement se cacher. De ces masses glacées, il y en a qui ont jusqu'à 100 mètres et même de 200 mètres d'élévation au-dessus de l'eau, ce qui suppose une hauteur totale de 600 à 1,000 mètres. Ross a mesuré un des *icebergs* qui, dressant au-dessus de l'eau sa tête menaçante, à une hauteur de 100 mètres, présentait un développement de 400 mètres de longueur. Malheur aux navires qui n'évitent pas la rencontre de ces colosses, de ces Léviathans de la mer polaire! Plus d'un baleinier à la robuste membrure a été écrasé comme une coquille de noix entre deux *icebergs* qui se rencontraient.

Et ce n'est pas le seul péril à craindre! Parmi ces *icebergs*, il y en a qui, datant de plusieurs saisons, sont crevassés par les dégels de l'été, minés par les attaques de la mer, évidés et percés à jour comme des clochers de cathédrales gothiques : le moindre choc, la détonation d'une arme à feu, — même un cri d'effroi, — peuvent produire une commotion et un effondrement fatal.

Ces énormes glaçons s'avancent au hasard des vents et des courants, se pressant au débouché des détroits qu'ils obstruent, terribles avec leurs profils aux arêtes aiguës ou leurs sommets sourcilleux qui surplombent l'abîme.

L'un, — au clair de lune surtout, — prend la forme d'un être fantastique, goule ou vampire, traînant après soi le linceul blanc d'un cercueil violé; un autre rappelle une de ces pyramides où les Pharaons dorment depuis des siècles leur dernier sommeil; un autre, un temple féerique, avec des tours d'une architecture étrange, des flèches

Fig. 4. — Un iceberg au Groënland.

dentelées, des dômes audacieux, édifiés pour un culte démoniaque; ou un vieux château aux murailles démantelées dans les efforts d'un siège. Tel bloc offre l'image d'une ville maudite qui s'écroule, sous la foudre invisible d'un châtiment divin. Dans une autre direction se présente un assemblage de cavernes mystérieuses, d'antres profonds dont quelque esprit jaloux semble avoir interdit l'entrée par un entassement capricieux de stalactites gigantesques; il y a de vastes portiques béants qui paraissent s'ouvrir sur des gouffres noirs d'ombre, des arcs dont la hardiesse pourrait défier celle de l'arc-en-ciel; tel cône se tient renversé sur son sommet par une puissance occulte, qui se rit de toute loi d'équilibre; une large table, pareille à un autel de sacrifices druidiques, est couchée horizontalement sur deux blocs qui lui servent de base.

De distance en distance s'élèvent, le long des côtes, les glaciers immenses, véritables remparts de cristal, dominant de plus de 100 mètres le niveau des eaux et miroitant aux dernières lueurs du jour d'été.

Tout à coup, au sein du calme, un bruit formidable, semblable à la détonation de cent pièces d'artillerie ou à un roulement de tonnerre, annonce le travail de désagrégation qui s'accomplit dans le glacier. D'un sommet se détache une masse qui glisse avec des bruits étranges et se précipite avec fracas dans la mer, en faisant jaillir à une grande hauteur des flots d'écume. Le glacier a créé une montagne flottante qui a, peut-être, 800 pieds hors de l'eau, et dont la base se trouve alors à 2,000 pieds de profondeur. Des débris de toute forme, de toute dimension, viennent flotter autour du navire qui assiste à cet enfantement laborieux et bruyant de l'*iceberg*, tandis que des bandes de mouettes et d'autres oiseaux des mers polaires, chassés de leur asile, montent dans une envolée blanche, en mêlant la détresse et la terreur de leurs cris au grondement des échos troublés et aux grincements des glaçons qui se pressent tumultueusement.

Fig. 5. — L'iceberg qui s'écroule.

L'hiver est précoce dans ces régions mortes. Au mois d'août, la neige commence à tomber, des vents impétueux la soulèvent et la chassent en masses épaisses, qui tournoient comme des trombes, dans un ciel de nuages noirs.

On imagine difficilement l'horreur d'une pareille tourmente. Les hauts sommets balayés par la tempête qui gronde; dans l'espace, les nuées poudreuses se tordant en spirales, et emportées au loin; un dernier rayon de soleil, ou quelque vague clarté lunaire rendant visible cette frénésie des éléments; de chaque ravine, des nappes, des flots de la neige nouvelle, liquide encore, coulant sur la neige ancienne et durcie, et descendant en larges traînées vers la mer, tandis que d'autres masses s'écroulent en avalanches, qui se précipitent l'une après l'autre des pentes abruptes : elles s'écrasent contre les obstacles, — roches ou glaces, — qu'elles rencontrent et s'éparpillent en poussière. Les vents qui portent sur leurs ailes cette épouvantable bourrasque remuent à ce moment l'océan polaire jusque dans ses profondeurs. A travers l'ouragan apparaissent, par instants, les sombres falaises fendues par les froids, masses déchirées de roches plutoniennes, aux surfaces nues, qui semblent être sorties, la veille, du chaos.

C'est dès le mois de septembre qu'une mince couche de glace s'étend sur les eaux. Il n'y a d'abord qu'une pellicule que le moindre mouvement de la vague et le souffle le plus léger du vent réduisent en mille fragments. Mais le froid, augmentant d'intensité, recommence son œuvre détruite, qui prend d'heure en heure plus de consistance; quelques jours suffisent pour donner à la glace une épaisseur de plusieurs pieds. Dès lors, l'hiver a vaincu : eaux et terres, îles et détroits, tout se confond et ne forme plus qu'une immense solitude glacée.

Le docteur Hayes a été plus d'une fois le témoin terrifié des tempêtes qui désagrègent les champs de glace et mettent les blocs en mouvement. « C'est la mer surtout, » dit-il, « qui est étrangement sauvage et d'une sinistre splendeur!... L'eau, fouettée par l'ouragan, rejaillit en gerbes immenses qui retombent avec bruit sur les hauts sommets des *icebergs*. Des masses d'écume bouillonnant, palpitant sur la mer, se relèvent ou s'abaissent au gré de la tourmente et se dressent contre le ciel noir, où des nuages échevelés et terribles s'élancent à travers l'espace sur les ailes de la tempête hurlante. La terre et la mer mugissent sourdement, l'air retentit de cris horribles, de plaintes désolées, et les nuées de neige et de vapeurs, poussées par les rafales furieuses, montent et descendent et s'entrechoquent avec rage, balayées par le formidable ouragan, comme les pâles troupeaux d'ombres que la sentence du juge des enfers précipite dans le noir Tartare. »

Beechey, l'un des lieutenants de Franklin, a dépeint une autre tempête non moins terrible; celle-là, au milieu des glaçons flottants et désagrégés : « Il n'est pas de langage humain, » dit-il, « qui puisse peindre la terrifiante grandeur des effets produits par la collision des glaces de ce tempétueux océan. Quel spectacle que celui de cette mer violemment agitée roulant ses vagues comme des montagnes contre les blocs résistants ! Quand elle vient se heurter à ces masses qu'elle a mises en mouvement avec une violence égale à la sienne, l'effet devient prodigieux. Par moments, elle déferle sur les glaçons et les ensevelit de plusieurs pieds sous ses vagues, et le moment d'après, ces mêmes blocs, s'efforçant de remonter à sa surface, font rejaillir les flots autour d'eux pendant que chaque masse distincte, se roulant dans son lit bouleversé, se heurte à la plus rapprochée et engage avec elle une lutte d'extermination : l'une des deux doit être brisée ou se superposer à l'autre. Et ce n'est pas sur un espace restreint qu'éclate ce désordre des éléments, il se développe aussi loin que la vue peut s'étendre. Quand, se détournant de ces scènes convulsives, l'œil se reporte à l'aspect étrange que la réverbération des glaces donne au ciel, où, dans le calme d'une atmosphère argentée, semble briller une clarté surnaturelle; lorsqu'il voit cette voûte lumineuse bordée partout par un vaste horizon d'épaisses ténèbres et de nuées orageuses, comme un rempart qu'il n'est pas donné à l'homme de franchir,

Fig. 6. — Un navire pris dans les glaces.

on comprend facilement quelles sensations de respect et de crainte imprime à l'âme une telle grandeur. »

Le lieutenant Payer, dans la relation de son voyage au nord de la Nouvelle-Zemble, dit qu'en automne, lorsque les glaces, n'ayant qu'une épaisseur médiocre, n'ont pas encore formé leurs entablements aux soudures puissantes, les révolutions du *pack* sont accompagnées de bruits sourds; « mais, » ajoute-t-il, « avec les progrès du froid, le fracas devient un véritable hurlement de rage. »

Autour d'un navire pris dans les glaces, l'horrible grondement se rapproche de plus en plus; on croirait entendre rouler sur le sable d'une arène des centaines de chariots armés de faux. L'intensité de la pression ne cesse de s'accroître; déjà la glace a des mouvements de trépidation qui se communiquent au navire, elle gémit sur tous les tons imaginables, en commençant par un bruit analogue au sifflement de flèches innombrables, pour devenir bientôt après un concert furieux, où les voix les plus aiguës glapissent mêlées aux plus graves. Le mugissement devient de plus en plus sauvage; tout autour du navire la glace se rompt en fêlures concentriques, et les morceaux disjoints roulent les uns sur les autres. Un rythme court et terrible, fait de hurlements saccadés, indique le point où la pression s'exerce avec le plus de force; l'oreille épie avec angoisse cette modulation, qu'on apprend bien vite à distinguer. Survient un craquement, quelques raies noires strient la neige au hasard; ce sont de nouvelles crevasses. C'est souvent aussi le dernier effort de la tourmente. Les hautes agglomérations de glaçons se dressent menaçantes; des abîmes s'entr'ouvrent; on voit les blocs se heurter, se briser, s'entasser les uns sur les autres comme mus par la main puissante des Titans, essayant de nouveau d'escalader le ciel. Puis tout s'écroule avec le fracas d'une ville renversée d'un seul coup.

On entend encore par intervalles quelques murmures; après quoi, tout semble rentré dans le repos; mais c'est une illusion. Bientôt, de nouvelles élévations surgissent autour du navire; leurs intumescences forment de gigantesques voussures; tous les champs de glace sont couverts de soufflures, qui accusent d'une manière effrayante leur élasticité. De toutes parts, les masses transparentes se heurtent, en laissant entre elles des gouffres où se précipite l'onde bouillonnante.

Fig. 7. — Sur la banquise.

Lorsque le navire est arrivé, à travers mille périls, à la banquise glacée, de nouveaux dangers, d'incessantes fatigues, de dures épreuves se préparent pour son équipage. Il faudra péniblement tracer le chemin à suivre au milieu des débris amoncelés par les hivers; ici, en cherchant, le long de la côte, un endroit où la glace n'est pas soudée au rivage; plus loin, en sciant les glaçons qu'on ne peut contourner, ou même en les faisant sauter avec de la poudre.

Ce labeur est rebutant, et longues sont les distances à parcourir! Rien n'assure qu'on pourra toujours avancer. La plaine glacée se solidifie; elle enserre le navire d'une étreinte dont il lui sera impossible de se dégager. Ses membrures craquent, bien qu'elles aient été prudemment renforcées pour un voyage dans ces mers inhospitalières; et si le *pack* (nom donné à cet amas de glaces entassées et attachées les unes aux autres), si le *pack* dérive, le navire, dont il a fait sa proie, est entraîné avec lui pendant des centaines de lieues, jusqu'à l'endroit où il lui plaira de s'arrêter.

Les faits de ce genre sont fréquents. En 1849, deux navires, *l'Entreprise* et *l'Investigator*, commandés par sir James Ross, furent saisis dans un champ de glace de plus de 80 kilomètres de circonférence et entraînés à travers le détroit de Barrow, le détroit de Lancastre, puis dans toute la longueur de la mer de Baffin. La banquise se rompit enfin, et les deux navires furent délivrés. L'année suivante, deux bâtiments américains de l'expédition de Grinnell, envoyés, sous les ordres du capitaine de Haven, à la recherche de sir John Franklin, dérivèrent de la même manière, en suivant le même chemin. Ils ne retrouvèrent leur liberté qu'au bout de dix mois, après avoir rétrogradé de 1,600 kilomètres. C'est ainsi encore que Mac-Clintock fut retenu, en 1857, durant neuf mois, au milieu d'une île flottante de glace, avec laquelle son navire, *le Fox*, descendit de la hauteur de la baie de Melville jusqu'au-dessous du détroit de Davis.

Parfois, lorsque les forces élastiques des couches marines ouvrent subitement des crevasses, que la voûte flottante est brisée et les masses du champ de glace désagrégées, le navire prisonnier est délivré, ou encore l'océan, soulevé dans ses profondeurs, lance à plusieurs pieds en l'air, et comme par l'effet d'une mine, de longues files de glaçons, qui forment de véritables chaussées de chaque côté d'un large sillon entr'ouvert.

Il arrive que, par suite d'un subit changement de température, ou sous l'effort des marées, le champ de glace se disloque. Sa surface se brise en un grand nombre de morceaux : il y en a d'énormes, qui aussitôt se heurtent violemment. Si un de leurs bords se soulève, c'est pour monter sur le glaçon en contact immédiat. Les glaçons s'entassent les uns sur les autres ; puis, au retour du froid et du calme, ces glaçons grands et petits se ressoudent et reforment une banquise nouvelle, inégale et rugueuse, hérissée d'aspérités. Ce n'est plus alors la banquise ordinaire, ce sont des *hummocks*.

Au milieu de ce dédale d'escarpements, de murailles obliques ou perpendiculaires, de terrasses horizontales ou inclinées, de crêtes tranchantes, de pics aigus séparés par des vallées et des gorges, le navigateur ne peut plus songer à rétrograder. Il doit prendre ses quartiers d'hiver, à l'abri de quelque haute falaise, s'il est possible d'en atteindre une, dans une échancrure de la côte, qui permette d'échapper aux effets du travail incessant de la plaine glacée.

Fig. 8. — Tourmente de neige.

L'hiver, ici comme partout, c'est le froid, mais un froid tel qu'il est difficile de s'en faire une idée, si l'on ne peut que lui comparer le froid de nos régions tempérées. Le thermomètre descend à 40 degrés au-dessous de zéro. Des vents impétueux augmentent l'âpreté de l'air. Alors une poussière de neige impalpable est suspendue dans l'atmosphère. Elle pénètre partout, traverse les vêtements les plus épais; tout se congèle; l'haleine même, pendant le sommeil, retombe glacée sur le dormeur. Lorsque le vent souffle, l'impression que la peau à découvert en ressent, avant de s'être endurcie à ces rigueurs si excessives, est tellement cuisante, qu'on ne souffrirait pas davantage si elle était cinglée avec des lanières de cuir et que chaque bourrasque enlevât des lambeaux de l'épiderme. A cette souffrance succède un engourdissement des parties lésées : elles prennent un ton bleuâtre; le sang se retire; elles blanchissent et demeurent gelées, si l'on n'y porte remède.

Avec l'hiver, la nuit polaire étend son voile lugubre, moins sombre toutefois que dans les climats tempérés; les étoiles le percent de leurs vifs scintillements; à travers un air froid, mais d'une transparence infinie, la lune, quand elle se montre, répand ses larges nappes de clarté sur les falaises noires, sur les pics neigeux et la mer vitreuse. « Sous le voile transparent de l'air, il n'y a ni chaleur ni mélange de teintes; aucune porte d'or, aucune fenêtre éclairée ne s'ouvre à l'orient, aucune rouge draperie ne flotte à l'ouest; tout est plongé dans le bleu, le vert. Et à l'ombre de la nuit éternelle la nature est nue, elle n'a pas besoin d'ornements. La mer cristalline, l'écueil aux formes sveltes, la haute montagne au front grisonnant, le glacier séculaire se détachent cependant distincts dans cette ombre fluide, qui les enveloppe du manteau de la solitude (1). »

Ce sommeil de la nature n'est troublé par aucun bruit. Sur la mer plus de tempête entrechoquant les glaçons, plus de travail retentissant dans le glacier. Partout le silence, effrayant par sa durée, a cessé, selon l'expression d'un voyageur, « d'être une chose négative »; il est doué d'attributs : on l'écoute, on sent son étreinte, on est obsédé par lui; il remplit l'esprit d'un sentiment indéfinissable de malaise et de crainte; on vit comme sous l'empire d'un cauchemar que rien ne peut dissiper. Ces mornes et sombres déserts apparaissent alors comme ces espaces incréés que Milton a placés entre l'empire de la vie et celui de la mort.

De quel nom appeler le mal qui envahit au milieu de telles impressions le voyageur, le marin, songeant à leur pays, à la terre du soleil, aux rivages éclairés, aux campagnes vertes et fleuries? Et combien il faut que soient puissants le sentiment du devoir à accomplir, l'attrait de la lutte morale, l'amour de la science enfin, pour soutenir sans défaillance, à de pareils moments, les hommes qui dépassent si largement la mesure du possible!

Faut-il s'étonner si les animaux eux-mêmes subissent l'influence morale des nuits polaires? Des chiens que possédait le docteur Kane ne purent supporter l'absence du soleil; ils devinrent fous et moururent.

Voici, à ce propos, une curieuse observation de l'effet produit, non par la nuit cette fois, mais par l'interminable jour de l'été, sur un coq. Un voyageur anglais, lord

(1) Hellwald, *Au pôle nord.*

Dufferin, se rendant au Spitzberg, avait emporté un de ces volatiles. A mesure que le vaisseau s'avançait vers le nord et que les nuits devenaient plus courtes, le coq se montrait de plus en plus déconcerté. Il ne dormait pas cinq minutes sans s'éveiller dans un état d'agitation nerveuse, comme s'il eût craint de laisser passer le point du

Fig. 9. — Arcs d'aurore boréale.

jour et l'heure de son chant. Quand la nuit eut enfin complètement cessé de se produire, la constitution du pauvre animal fut ébranlée sans retour. Il fit entendre une ou deux fois une voix insolite et tomba dans un étrange malaise. Enfin, en proie au délire, il se mit à coqueter tout bas, comme s'il rêvait de grasses basses-cours, puis il s'élança tout à coup par-dessus le bord et trouva la mort dans les flots (1).

(1) *Lettres des hautes latitudes.*

Mais au plus profond de la nuit polaire, de dessous un nuage sombre jaillit soudain un éclair prolongé, précurseur de l'aurore boréale, qui fait, chaque nuit, une apparition éblouissante ou à peine marquée. Bientôt après, un arc lumineux se dessine vers le nord. De son foyer argenté ou rouge s'échappent des rayons, dont la lumière va croissant. Un arc flamboyant, un éventail splendide, remplit le ciel de feu. Au zénith, qui semble le foyer commun, se développe une éclatante couronne qui à son tour projette des rayons lumineux, tandis que parfois la lune apparaît, entourée d'une brillante auréole. Alors la voûte céleste est semblable à une coupole ardente.

De même que dans une vaste conflagration, avivée par des éléments renouvelés, ou comme dans une éruption volcanique, c'est une succession continuelle de jaillissements nouveaux; on croirait en cette phase voir une mer de feu, et les ondes lumineuses paraissent être le jouet des vents. Puis après toutes sortes de jeux de lumière où figurent, tour à tour ou se combinant ensemble, les nuances du prisme, s'affaiblissent les lueurs de l'incendie; les fusées du « bouquet » de cet immense feu d'artifice vont s'éteignant dans les transparences douces d'une aube matinale. Les étoiles pâlissent; ces constellations qui décrivent, sans jamais se reposer, un cercle régulier autour de l'étoile polaire, disparaissent un instant.

D'autres fois, l'aurore boréale se présente avec l'apparence d'amples draperies dorées, qui ondulent et se replient sur elles-mêmes, comme agitées par le vent.

Tel est le phénomène éblouissant et sublime dû aux radiations électriques des pôles de la terre, aimant puissant dont le pôle boréal est au nord de l'Amérique septentrionale et le pôle austral à l'extrémité opposée du globe. Ce dégagement de fluide se fait non par secousses comme dans les orages de nos régions, mais il s'accom-

Fig. 10. — Couronne boréale.

plit sans bruit avec une magnificence incomparable. Ce météore, dont la plus grande clarté n'égale jamais l'éclat de la pleine lune, n'a qu'une courte durée, et tout rentre dans les ténèbres.

Décrire avec des mots ce magnifique spectacle semble chose impossible. Weyprecht, le compagnon de Jules Payer, y aurait cependant réussi; ce dernier l'affirme.

Voici comment le célèbre explorateur note les phases principales de ce merveilleux phénomène :

« Au sud, à l'horizon lointain, se dresse un arc de lumière pâle ; on dirait la limite supérieure d'un segment circulaire terne et mat. Tel du moins il paraît à nos yeux derrière le scintillement inaltéré des étoiles; illusion née du contraste. Lentement l'arc augmente d'intensité et s'élève vers le zénith ; il est complètement régulier ; ses deux extrémités touchent presque l'horizon et s'avancent vers l'est et vers l'ouest, d'autant plus qu'il s'élève. On ne distingue pas de rayons; l'ensemble est formé d'une matière lumineuse assez uniforme, de couleur tendre, magnifique; c'est un blanc transparent, à tons verdâtres légers, qui ne sont pas sans analogie avec le vert blanchâtre de la jeune plante germant à l'abri des rayons solaires. La lumière de la lune paraît jaune, auprès de cette couleur pâle, douce à l'œil, qui ne saurait être décrite par des mots; la nature semble l'avoir réservée, comme dédommagement, aux régions polaires si éprouvées par la création. L'arc est large trois fois peut-être autant que l'arc-en-ciel ; ses bords, beaucoup plus nettement limités, tranchent vivement sur la teinte foncée de la nuit boréale. La clarté des étoiles traverse le cintre, sans s'affaiblir. Il s'élève de plus en plus; un calme classique préside au phénomène; de temps en temps seulement une onde lumineuse passe lentement d'un côté à l'autre, en tournant sur elle-même. On commence à percevoir des lueurs au-dessus de la glace, à distinguer quelques groupes cristallins. L'arc est encore éloigné du zénith.

« Voici que dans le sud, un arc se détache du segment sombre; peu à peu d'autres arcs se détachent également.

Fig. 11. — Aurore polaire.

Tous montent au zénith; le premier l'a maintenant dépassé; il s'abaisse lentement au nord de l'horizon et diminue d'intensité. Des arcs lumineux sont maintenant répandus sur tout le firmament; il y en a sept en même temps au ciel, mais leur intensité est faible. Plus ils descendent vers le nord, plus ils pâlissent; ils finissent par disparaître complètement; mais souvent, ils reviennent tous au zénith et s'éteignent comme ils se sont allumés. Toutefois, il est rare que les diverses phases de l'aurore boréale se succèdent avec autant de calme et de régularité.

« D'un côté quelconque de l'horizon est un léger banc de nuages; ses bords supérieurs sont éclairés; là se développe une bande lumineuse qui s'étend, augmente d'intensité et s'élève vers le zénith. La coloration est la même que pour l'arc, mais l'intensité lumineuse est plus forte. Le ruban lumineux change de place et de forme lentement, mais sans interruption. Il est large, et sa lueur verte intense se détache avec une merveilleuse beauté sur le fond sombre du ciel. Voici qu'il s'enroule sur lui-même en nombreuses volutes; mais ces volutes ne se masquent pas les unes les autres; on reconnait toujours celles du milieu à travers la lumière des autres. Des vagues lumineuses animées d'un mouvement oscillatoire glissent le long du ruban; elles en parcourent toute l'étendue, tantôt de droite à gauche, tantôt de gauche à droite; elles semblent se croiser, selon qu'elles apparaissent à la partie antérieure ou à la partie postérieure d'une volute. Le ruban, maintenant, se déroule de nouveau dans toute son étendue; il s'est disposé en plis gracieux; il semble presque que le vent entraîne, par un jeu mystérieux, dans les hauteurs de l'atmosphère, les larges banderoles enflammées dont le bout se perd au loin, à l'horizon. La lumière devient plus intense, les spires lumineuses se succèdent plus rapidement; les couleurs de l'arc-en-ciel apparaissent au bord supérieur et au bord inférieur du ruban; le blanc tendre et brillant du milieu est bordé par deux bandes étroites, l'une rouge, en bas, l'autre verte, en haut.

« Le ruban se déchire en deux; la partie supérieure s'approche de plus en plus du zénith, elle commence à rayonner dans la direction du point idéal voisin, vers lequel se tourne l'aiguille aimantée, abandonnée à elle-même. Ce point est presque atteint par le ruban, et maintenant commence, pour quelque temps, un magnifique rayonnement, dont le centre est le pôle magnétique, ce qui prouve qu'il y a relation intime entre l'ensemble du phénomène et les mystérieuses forces magnétiques de notre planète. Les courts rayons étincellent et flamboient de tous côtés autour du pôle; sur tous les bords, on voit les couleurs du prisme; des rayons, les uns courts, les autres longs, alternent les uns avec les autres; des vagues lumineuses se succèdent rapidement autour du centre. Ce que nous voyons est la *couronne* de l'aurore boréale; elle se rencontre presque toujours quand un ruban franchit le pôle magnétique.

« Au bout de quelque temps, ce phénomène a cessé; le ruban est maintenant du côté du firmament; il descend peu à peu et pâlit, mais il retourne au sud et le même jeu recommence, se poursuivant ainsi pendant des heures entières; l'aurore boréale change, sans interruption, de lieu, de forme et d'intensité; souvent elle est complètement évanouie pendant quelque temps, puis tout à coup elle reparaît; sans que l'observateur puisse bien s'expli-

Fig. 12. — Soulèvement des glaces pendant une aurore boréale.

quer comment elle est venue, comment elle est partie, elle est là (1). »

Il paraît toutefois que le calme des nuits arctiques n'agit pas de même sur tous les esprits. Dans les régions un peu moins élevées que ne le sont les estuaires qui conduisent de si près au pôle, cet extrême froid peut trouver de sincères admirateurs, même chez les Européens. Un missionnaire enthousiaste, le P. Petitot, qui a évangélisé les Indiens du bassin inférieur du fleuve Mackensie, se montrait ravi de voir les arbres des forêts éclater et se fendre sous l'action du froid. Parlant de ces terribles nuits qui glacent les plus fermes courages : « Vous les figurez-vous, s'écrie-t-il, embellies par la décoration fantastique que forme la lumière en se jouant à travers les frimas dont la végétation endormie est revêtue et que la pierre a aussi acceptée ? Pyramides de cristal, lustres éblouissants suspendus sur nos têtes, prismes, gemmes de toutes sortes brillant de mille feux, colonnes d'albâtre, stalactites et stalagmites à l'aspect saccharin et vitreux, entremêlés de guipures et de festons, de dentelles et de découpures d'un duvet immaculé; arcades, clochetons, pendentifs, pinacles, toute une architecture de glace et de neige, je me trompe, d'escarboucles et de pierres précieuses, que la lune caresse de ses rayons mystérieux.

« Quelquefois, au milieu de ces belles nuits, un éclair subit et sans détonation vous tire tout à coup de votre rêverie et vous annonce la fin d'une aurore boréale, orage magnétique dont le foyer est placé en dehors de la vue;

(1) Payer, *l'Expédition austro-hongroise au pôle nord, pendant les années* 1872 *à* 1874.

— ou bien des grondements semblables à ceux du tonnerre vous avertissent du voisinage d'un lac dont les sources font dilater la glace. Entendez-vous cette conversation, cette note mélancolique et plaintive du sauvage? Percevez-vous ce craquement des raquettes sur la neige gelée, ce tintement de clochettes à chiens, ces claquements de fouet qui se répercutent sous la voûte des bois ou rebondissent sur la surface des lacs comme des coups de feu? Vous pensez que ces bruits retentissent tout près de vous; mais attendez! Les instants et les heures se passeront avant que vous ayez vu arriver les mystérieux voyageurs dont une lieue ou deux vous séparaient. Et cependant un coup de fusil tiré à vos côtés n'a pas plus ébranlé l'atmosphère que si vous eussiez brisé une noix avec un casse-noisette. »

Voulez-vous en croire ce missionnaire que rien n'a rebuté dans sa noble tâche? Le froid a sa nécessité, son utilité, ses curiosités bizarres.

« Ce froid intense, si sec, si pur, suspend la putréfaction, détruit les miasmes, assainit l'air et en augmente la densité; il purifie l'eau douce, distille les eaux amères de l'Océan et les rend potables; il transforme en cristaux le lait, le vin et les liqueurs, et vous permet de les transporter en voyage; il remplace le sel dans les viandes, la cuisson dans les fruits, dont il fait des conserves économiques et durables, et il rend comestibles la viande et le suif crus; il dessèche et étanche les lagunes, il arrête le cours des maladies, il favorise l'évaporation et la disparition des neiges et des glaces elles-mêmes, et révèle au chasseur la présence du renne en entourant celui-ci de brouillards.

« Mais le froid a ses bizarreries, ses curiosités dont la

science fait son profit. Sous ses étreintes, la concentration de l'électricité statique dans les corps mauvais conducteurs qu'il isole, se développe au moindre frottement, par une simple pression, par un attouchement. La soie, les plumes, le duvet s'attachent à vos doigts comme s'ils

Fig. 13. — Architecture polaire.

étaient enduits de glu; les copeaux de la planche que vous rabotez adhèrent à votre instrument, la feuille de papier que vous avez nettoyée avec votre gomme-grattoir se précipite sur la main que vous lui présentez comme la paille sur l'ambre échauffé. Si vous faites votre toilette devant une fenêtre, une glace, votre chevelure, au lieu de se courber sous le peigne, s'ébouriffe, se hérisse et s'agite avec des crépitations, comme si votre tête eût été transformée, durant votre sommeil, en celle de Méduse. Machine électrique vivante, vous ne pouvez vous revêtir de vos pelleteries, vous étendre dans vos robes de fourrures ou même dans une simple couverture de laine, sans faire jaillir de ces peaux, de cette laine, sous votre corps, un véritable feu d'artifice accompagné de pétillements. Et ces jeux de la nature se reproduisent chaque jour et à chaque instant.

« Nouvelles merveilles : ce froid qui congèle les insectes, les moucherons, les taons, les cousins au point de les rendre fragiles comme du verre; qui transforme en dures pierres les grenouilles dans leurs marais et les poissons hors de l'eau, ce froid ne saurait leur donner la mort. Avec le dégel, mouches et maringouins de ressusciter, grenouilles de sauter, poissons de frétiller; mais soumettez ces êtres à la gelée une seconde fois, c'en est fait, la vie les abandonne à jamais. »

Le missionnaire, soutenu par un zèle admirable, a vu partout la main de la Providence, et il a applaudi. Cette grâce d'état n'est point le partage des explorateurs; ils hivernent, il ne faut pas l'oublier, beaucoup plus au nord que la région traversée par le fleuve Mackensie. Pour eux la nuit polaire est accablante, elle engendre une nostalgie de la lumière, à laquelle succombent parfois les hommes les plus courageux.

Aussi quelle ne doit pas être l'émotion des voyageurs lorsqu'ils revoient le soleil après cette longue disparition du jour, lorsque ses premiers rayons viennent blanchir les sommets les plus élevés, percer leur voile de brume, éclairer les hauts promontoires, les falaises abruptes, les glaciers aux mille facettes, arracher à la nuit ses derniers voiles et jeter enfin sur la terre un riche manteau scintillant et diapré!

Écoutons avec quelle joie les officiers du *Tegethoff* accueillirent le retour du soleil :

« Quel événement solennel pour le voyageur aux mers

Fig. 14. — Morses sur les banquises.

polaires que ce retour de l'astre du jour! Une onde lumineuse qui fit tressaillir l'horizon nous annonça l'instant solennel, et tout de suite après le soleil émergea, entouré d'une bande purpurine. Tout le monde gardait le silence. Quelle parole, quel cri eût pu rendre le ravissement de nos cœurs épanouis! Comme en hésitant, l'astre s'éleva à peine à la moitié de son disque; on eût dit que ce monde désolé n'était pas digne de contempler sa face tout entière. Les colosses de glace se coloraient, comme autant de sphinx, sous cette soudaine illumination; les rigides écueils et les hautes murailles dentelées allongèrent leurs ombres sur l'étincelant miroir de neige, et ces reflets d'un rose tendre se répandirent de toutes parts sur le froid paysage polaire... A peine le soleil renaissant eut-il, pendant quelques minutes, montré son front au-dessus de l'horizon, que son rayonnement s'éteignit de nouveau : une morne teinte violette envahit tout, et les étoiles se remirent à briller en tremblotant au firmament assombri. »

Sous nos latitudes, les heures délicieuses du crépuscule sont rares et de courte durée; les nuits du solstice d'été sont, à Paris, les seules qui offrent un crépuscule continu. Le crépuscule polaire ne présente pas, il est vrai, le charme poétique du nôtre, mais ses beautés sont d'un autre ordre, — plus étranges et plus puissantes.

Une lumière opaline, réverbérée par la neige et les glaces, et dont les tons varient leur gamme depuis les feux de l'aurore jusqu'aux lueurs indécises, avant-courrières de la nuit, descend du firmament et enveloppe, pendant des mois entiers, les paysages polaires d'une teinte vague et veloutée, qui en accroît la beauté sauvage et leur prête un cachet fantastique. Le ciel, que l'absence d'évaporation laisse pur de tout nuage, est d'un azur inaltérable et resplendit comme une coupole de lapis que les étoiles, semblables à des clous d'or, parsèment de leurs feux. La lune vient, chaque mois, apporter son flambeau. Dans le cours de sa déclinaison septentrionale, elle reste sur l'horizon pendant dix et quinze jours de suite, selon la latitude, ajoutant la magie de sa lumière argentée à celle du crépuscule.

L'été peut aussi procurer quelques heures douces, dans un beau soleil, au milieu d'un air limpide. Les montagnes, d'où la neige fondue s'écoule en torrents bruyants, laissent apercevoir la couleur brune ou rousse de leur structure. La végétation se montre enfin; les

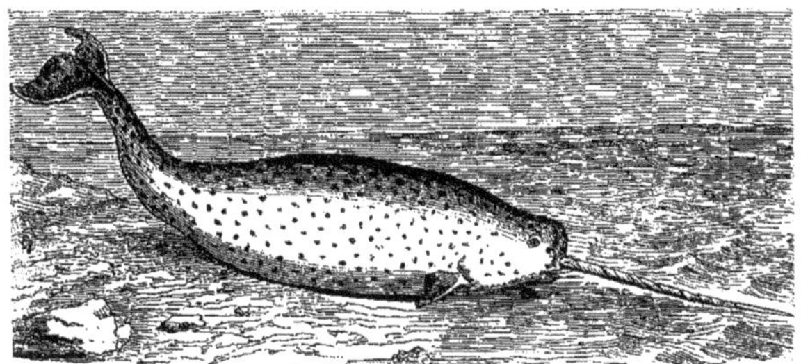

Fig. 15. — Narval.

bourgeons de quelques arbres rabougris éclatent; de petites fleurs, — des blanches, des jaunes, — ouvrent leurs corolles, rappelant aux regards ravis les pâquerettes et les boutons d'or qui émaillent nos prairies; les promontoires, les glaciers, et, de même, les *icebergs* en marche, sont magnifiquement revêtus d'un manteau d'argent.

Mais si la flore est humble, la faune étonne en revanche par sa richesse, sa variété. Nous pouvons, sans anticiper sur ce que nous avons à dire à ce sujet, ajouter quelques traits à ce tableau du retour à la vie dans les régions arctiques.

Les morses, les phoques, les narvals en nombreuses troupes s'étendent à la grande lumière sur les banquises; les ours blancs sortent de leur sommeil léthargique, les renards se hasardent hors de leurs tanières; les rennes quittent les bois, chassés par les moustiques, et s'avancent vers l'océan Glacial, des vols d'oiseaux de passage s'abattent tumultueusement partout, c'est le moment de la ponte des œufs; les falaises sont envahies par d'innombrables guillemots, tandis que les hirondelles de mer rasent de leur vol rapide les vagues bleues frangées d'écume, à qui le mouvement et la vie sont un moment rendus.

C'est surtout à l'heure où le soleil s'abaisse sur l'horizon au-dessous duquel il ne descendra pas, et où il colore de cramoisi, de pourpre et d'or les nuées du ciel et les eaux de la mer que, l'été aussi, ces *icebergs* redoutables, frappés presque horizontalement par les rayons solaires, forment un spectacle d'une splendeur extraordinaire. « Ils ont perdu leur aspect sinistre, » dit Lesbazeilles. « On ne voit plus en eux les tristes produits des frimas polaires. Leurs surfaces polies reflètent comme des glaces les vives couleurs des nuages, leurs angles, leurs arêtes décomposent la lumière et s'irisent de toutes les nuances du prisme. »

Au-dessus de la mer unie et teinte des riches nuances de l'arc-en-ciel flottent de légères nuées, baignées dans une atmosphère chargée aussi de reflets dorés ou cramoisis. Les montagnes de glace, perdant leur morne aspect, semblent allumées par les feux du soleil; ou, prenant tour à tour les tons les plus variés, elles rappellent le marbre blanc aux veines argentées, et font songer aussi à d'énormes blocs d'opale et à d'immenses amas de perles. De leurs sommets, la neige, fondue sous l'action prolongée des rayons solaires, s'échappe en nombreux ruisseaux qui débordent en cascatelles brillantes. Au pied des *icebergs*, et dans l'ombre, la mer, étincelante partout, acquiert une transparence verdâtre du plus surprenant effet; et derrière eux les silhouettes brunes des côtes se dessinent vigoureusement sur l'horizon bleui.

C'est aussi dans les rares beaux jours d'été que se produit quelquefois le mirage polaire, analogue par les illusions qu'il procure au mirage du désert.

Dans l'air transparent, dans l'horizon agrandi, apparaissent des objets qui semblent exister quelque part, et se trouver reflétés là comme ils le seraient en un immense miroir.

Ce sont des colonnades de marbre, de hauts portiques, des tours étincelantes, des pyramides massives, des dômes comme en offrent souvent dans la réalité les banquises et les *icebergs*, mais ici sur un plan idéal; parfois un lac miroite; les murailles blanches d'une grande ville s'y reflètent; un coin de port encombré de palais et de barques s'illumine en jaune comme un tableau de Claude Lorrain.

Soudain, des bords du lac agrandi s'élance une végétation luxuriante qui envahit bientôt tout l'espace; le lac est devenu prairie ou forêt, l'air se remplit d'oiseaux. C'est un panorama mouvementé et plein d'imprévu : les arbres marchent, les collines se poursuivent, on assiste à des dislocations de paysages, à des fantasmagories kaléidoscopiques. Et ce n'est que lorsque le vent vient remuer la mer, agiter les vagues que l'étrange et décevante apparition s'évanouit.

La merveilleuse magnificence des scènes et des paysages d'été peut faire oublier un instant au navigateur les dangers qu'il affronte. Mais dans les parties les moins septentrionales de la région polaire, l'été se présente avec bien des désagréments qui neutralisent ce qu'il peut avoir de charmes.

Nous en parlerons en nous occupant de la Laponie et du nord de la Sibérie.

# II.

Le bassin arctique. — Nombreux détroits et îles du nord de l'Amérique. — Le Groënland. — L'île de Jean de Mayen. — Le Spitzberg. — Le cap Nord de la Scandinavie. — Le pays des Lapons. — La nouvelle terre François-Joseph. — La Nouvelle-Zemble. — L'île Vaïgatch. — La presqu'île des Samoyèdes. — La péninsule de Taïmour. — La côte sibérienne, de la Katanga à la Kolima. — L'archipel Liakhoff. — La terre de Wrangel. — La péninsule des Tchouktchas.

Le bassin arctique est mis en communication avec les régions tempérées par trois estuaires : la mer de Baffin, au nord du continent septentrional de l'Amérique, les espaces ouverts au nord de l'Europe entre le Groënland et la Nouvelle-Zemble, enfin le détroit de Behring, qui sépare l'Asie de l'Amérique. Mais chacun de ces estuaires est fermé par une formidable barrière de glace, qui n'a jamais été entièrement franchie.

La partie du bassin arctique qui appartient à l'Amérique septentrionale présente l'apparence d'un damier, composé d'îles et de détroits. De nombreux canaux, s'étendant de l'est à l'ouest et du sud au nord, morcellent les terres à l'infini : telle baie considérée comme peu profonde n'est le plus souvent que l'entrée d'un canal inexploré. Ces détroits, que l'on peut comparer aux corridors d'un immense labyrinthe, séparent les unes des autres ces différentes îles, ou plutôt les enveloppent de leur inextricable réseau.

L'hiver vient chaque année solidifier les eaux de ces détroits, de ces défilés, de ces passages, et jeter, d'île en île et d'un continent à l'autre, ses gigantesques ponts de glace. Certains détroits, certaines côtes, libres pendant un été, restent fermés l'année suivante. Il est des parages qui n'ont jamais été ouverts à la navigation, depuis qu'on les connait; d'autres ne le sont qu'un moment.

Ce n'est qu'au commencement de ce siècle que le baleinier Scoresby, par un mémoire, resté célèbre, dont l'amirauté anglaise reçut communication, appela l'attention du monde savant sur les changements imprévus que les saisons et les glaces éprouvaient dans les mers arctiques, où l'année 1816 vit une débâcle extraordinaire. Sur les cartes dressées à cette époque, le large détroit de Smith, qui s'ouvre au nord de la mer de Baffin, est à peine indiqué par une légère échancrure qualifiée d'entrée. Il en est ainsi, à l'ouest de la même mer, de l'important détroit de Lancastre. Au-dessus du 75e parallèle, et, dans certaines régions, au-dessus du 70e, tout était inconnu au nord de l'Amérique.

Depuis, la carte des mêmes régions a été dessinée à peu près complètement et couverte de noms anglais et américains, au milieu desquels celui de Bellot, donné à un canal et à un cap, rappelle par son isolement que la France n'a presque rien fait encore, au pôle boréal, pour la science et la navigation.

Les eaux qui baignent le Spitzberg et la Nouvelle-Zemble étaient, il est vrai, à la même époque, suffisamment explorées; mais en face du détroit de Behring aucune découverte remarquable n'avait été faite. On n'avait aucune idée de ces terres aperçues depuis par Wrangell et par Kellet, et pas davantage de cette fameuse Polynia de Wrangell, espace de mer libre, objet de si nombreuses controverses.

Les contrées encore inconnues au nord de l'Amérique doivent, selon toute apparence, être également divisées en grandes îles séparées entre elles par des canaux. Ces canaux, qui faciliteraient tant la navigation et permet-

Fig. 16. — Ile Beechey. Premier quartier d'hiver de Franklin (les trois tombes).

traient d'aller d'un hémisphère à l'autre par plusieurs passages, souvent obstrués par les glaçons qui s'y entassent, deviennent par ce fait un des dangers de la navigation circumpolaire. Tel navire, qui s'est aventuré dans des eaux libres un moment, est retenu pendant plusieurs années dans des solitudes glacées. Ross est resté de la sorte quatre ans prisonnier, et Franklin a péri dans ces canaux avec les équipages de ses deux navires.

La terre la plus étendue des régions polaires, — si l'on en excepte toutefois le nord de la Russie d'Europe et de la Russie d'Asie, et le nord de l'Amérique britannique, — est le Groënland, qui lui appartient presque tout entier. Au sud, son cap Farewell, placé un peu au-dessous du cercle polaire, forme le sommet d'un vaste triangle, qui mesure de 5 à 600 lieues, et dont la base se perd dans les parties inaccessibles du pôle.

Cette immense terre, l'une des plus grandes îles du monde, n'accorde qu'une existence précaire à 6,000 ou 7,000 Esquimaux, qui l'habitent sous la tutelle civilisatrice d'un millier de Danois.

La nature a ceint le Groënland de falaises abruptes. Des *fiords*, nombreux et profonds, découpent ce rempart naturel, déchiré, dirait-on, par les secousses d'un violent cataclysme. Ces *fiords* deviennent, au milieu d'un hiver qui dure de novembre à mai, des lits de glaciers, qui descendent des hauts plateaux chargés de neige, comme descendent sur la pente des volcans les torrents de lave.

De ces fleuves glacés, il y en a qui, ayant pris leur source dans les montagnes au puissant relief qui bornent l'horizon des *fiords*, suivent une pente de 2 à 3,000 pieds, semblant rouler majestueusement leurs flots figés jusqu'aux rivages; ils s'arrêtent brusquement, formant une coupe verticale, qui mesure jusqu'à 400 pieds et plus au-dessus du niveau de la mer. C'est de ces immenses glaciers que l'été détache ces montagnes de glace que nous avons vues en mouvement, tantôt soulevées par les tempêtes, tantôt dérivant lentement vers le sud à travers les détroits.

« Lorsque le soleil fait étinceler de ses feux la cime des glaciers, » dit M. Lucien Dubois, « l'œil ébloui ne voit que rubis et diamants, comme si les mines de Golconde étalaient à la fois devant lui leurs trésors souterrains. Si c'est la lune qui, au milieu de la longue nuit des solitudes arctiques, verse sur une de ces nappes éclatantes sa douce lumière, la scène est encore plus fantastique, et le spectateur se croit en présence d'une de ces

Fig. 17. — Glacier de la côte occidentale du Groënland.

montagnes d'argent que les légendes peuplent de fées et d'esprits invisibles, ou, mieux encore, du palais aux murailles diaphanes où Odin et les guerriers scandinaves boivent éternellement, dans le Walhalla, l'hydromel que leur versent les Walkyries.

« Mais, de tous les glaciers connus, celui qui présente les proportions les plus colossales est, sans contredit, celui que Kane découvrit dans une de ses excursions sur le littoral groënlandais, et auquel il donna le nom illustre de Humboldt. Ce gigantesque fleuve glacé, dont l'em-

Fig. 18. — Renoncule. Fig. 19. — Épilobe.

bouchure s'étend sur une largeur de plus de 20 lieues, et qui surplombe la mer d'environ 500 pieds, prend sa source dans une mer de glace inconnue, dont l'étendue doit être immense, et à côté de laquelle la prétendue mer de ce nom, que les touristes vont visiter sur les pentes du mont Blanc, au-dessus de Sallenches et de Chamounix, ne serait qu'un glaçon vulgaire. »

Le côté du Groënland qui fait face au détroit de Davis est un grandiose massif alpestre, pourvu d'une flore et d'une faune relativement riches et variées.

Comment croire que cette terre si hérissée de glaçons

Fig. 20. — Cochléaria. Fig. 21. — Dent de lion.

est le pays auquel les Scandinaves d'Islande, qui le découvrirent, donnèrent le beau nom de *Terre Verte?* c'est la signification du mot Groënland en danois. Ces aventuriers furent-ils séduits par l'éclat d'un beau jour, dans un été exceptionnellement chaud et fertile? ou bien est-ce que le climat de ces terres boréales a changé comme celui de l'Islande, comme celui de l'île de Jean de Mayen dont une immuable banquise écarte maintenant les vaisseaux, comme celui du Spitzberg, plus inabordable aujourd'hui que lors de sa découverte par l'Anglais Willoughby?

Toujours est-il que le nom même de Groënland avait été oublié, lorsque Davis, qui le premier le signala de nouveau, en 1755, trouvant cette terre si triste, si hérissée de rochers et de glaciers, l'appela *la Terre de Désolation*, nom que le docteur Hayes a adopté à son tour pour désigner cet ingrat pays.

Les îles, la partie du continent américain qui avoisine

Fig. 22. — Glouton.

le Groënland, ressemblent à cette terre par beaucoup de traits. Le cercle polaire rencontrant plus au sud certaines de ces îles et le continent, il s'y trouve des parties plus favorisées quant à la végétation. Nous esquisserons pour cet ensemble une même flore.

Dès que la neige a disparu, fondue par le soleil ou balayée par les grands vents du printemps, la mousse étend sur le penchant des collines son vert tapis, que quelques pauvres plantes étoilent bientôt de leurs jolies fleurs; humble parure qui, épanouie le matin, a disparu le soir, flétrie par l'âpre bise du nord ou tranchée par la dent avide du renne ou du bœuf musqué.

Le soleil a forcé les saxifrages violets à prodiguer hâtivement leur floraison; ils font place à la renoncule jaune d'or, à la drave, au pavot arctique remarquable par ses brillants pétales jaunes, à un autre pavot de nuances pâles et délicates, à l'herbe de Saint-Benoît, et à un petit saxifrage jaune. Dans les mousses, au milieu des gazons,

Fig. 23. — La grue.

s'ouvre une délicieuse fleur blanche, la çéraste des Alpes.

En quelques endroits mieux abrités, la blanche andromède, échantillon amoindri de nos bruyères, parsème les rochers de ses modestes clochettes, et la bruyère rose vient étaler ses fleurs; là, on rencontre encore des genévriers à peine développés, des myrtilles, des ronces et quelques plantes utiles, parmi lesquelles le cochléaria, remède souverain contre le scorbut. D'énormes touffes d'épilobes croissent sur les plages arides, et leurs élégantes corolles roses ne semblent guère en harmonie avec l'arrière-plan du paysage polaire ; les saules nains étendent leurs rameaux minuscules le long des eaux courantes; au milieu des anfractuosités de la roche basaltique, une petite fougère hasarde au soleil ses vertes frondaisons.

Dans la région des bois, c'est-à-dire vers le sud, un souffle de vie plus vigoureux passe sur les plantes; les pousses rougeâtres des saules, des peupliers et des bouleaux se couvrent de longs chatons cotonneux; les buissons verdissent; aux pieds des rochers fleurissent la dent de lion, la bardane, tandis que l'églantier, les groseilliers et les airelles se chargent de grappes nombreuses, et que la baie du framboisier du Canada mûrit sur sa tige grêle, rampant à la surface des marécages. Alors aussi, les pins, les thuyas, les mélèzes étalent tout le luxe de leur verdure sombre.

L'ours, le loup, le glouton, le renard, le renne, habitent ces froides terres. Au printemps, des oiseaux viennent un instant l'animer : l'eider, la grue, le corbeau, la mouette et beaucoup d'autres y arrivent des contrées méridionales. Les mers, plus fécondes, recèlent de nombreux poissons, d'énormes cétacés, des quadrupèdes amphibies : des baleines, des narvals, des bandes de phoques, dont la chasse est une ressource précieuse pour les indigènes, des morses enfin à l'aspect monstrueux, dont les défenses atteignent parfois jusqu'à un mètre de longueur, mugissants et terribles.

Il s'agit maintenant de contourner le pôle de l'ouest à l'est.

Fig. 24. — Retour de la vie dans les mers polaires.

Nous trouvons d'abord l'île de Jean de Mayen.

Ce n'est qu'une montagne sortant de l'eau, dont le navigateur cherche souvent en vain la base parmi les brumes, heureux lorsqu'il voit tout à coup surgir au-dessus des nuages, dans une éblouissante lumière, son sommet blanc de neige.

Cette montagne, aperçue par lord Dufferin, a une élévation de plus de 2,000 mètres. Elle se révéla au touriste, « entourée d'une mince ceinture de vapeurs perlées, dont les franges flottantes semblaient donner naissance à sept énormes glaciers qui se précipitaient jusque dans la mer ». Ces glaciers formaient « un élément complètement inattendu de beauté ». Lord Dufferin en compare le volume à celui d'une puissante rivière, « jaillissant des flancs d'une montagne surmontant tous les obstacles, roulant ses flots en tourbillons, bondissant et se précipitant de terrasse en terrasse en légères cascades d'écume, puis soudainement arrêtée et congelée dans sa course par une puissance si instantanée, que les flocons de l'embrun et des ondulations bouillonnantes de l'écume ont revêtu la rigidité immuable de la sculpture ! »

Le Spitzberg et la Nouvelle-Zemble doivent trouver place, à leur tour, dans cet ensemble de terres et de mers, couvertes de neiges et de glaces, qui forment la région polaire.

Le lieutenant Payer a comparé le groupe du Spitzberg à une sorte d'Oberland tyrolien, à un haut relief de glaciers qui domine de 9,000 pieds le niveau de la mer.

Lord Dufferin, qui a abordé ce groupe d'îles au mois d'août (1856), ne pense pas qu'il y ait sur le globe une autre région aussi profondément marquée du cachet de la mort. Il lui sembla que les caractères les plus saisissants de ce monde, dans lequel il lui était donné de pénétrer, étaient l'immobilité, le silence, l'absence de toute vie. Partout des glaces, des rochers... Nul bruit d'aucune sorte pour rompre un instant cette effroyable paix, si voisine du repos éternel; la mer, même libre en été, se taisait sur la plage; pas un oiseau, pas un être vivant pour éveiller ses solitudes.

Lorsque le touriste anglais jeta l'ancre de son léger navire dans la baie des Anglais, il était une heure du matin. Le soleil de minuit, à demi voilé par le brouillard, répandait une lueur mystérieuse sur les montagnes et sur les glaciers. Pas un atome de végétation ne vint témoigner à ses yeux de la vitalité de cette terre. Il convient toutefois de dire, pour être exact, que le sol glacé du Spitzberg ne nourrit pas moins de 70 genres de plantes.

Voilà une contrée qui n'a, il faut l'avouer, absolument rien d'attrayant. Et cependant une jeune femme, Mme Léonie d'Aunet, n'a pas reculé devant une exploration des parages du Spitzberg.

Le navire à bord duquel se trouvait avec son mari Mme d'Aunet, ou plutôt Mme Biard, puisque son nom n'est plus un mystère, longea la côte ouest qui fait face aux rivages encore inexplorés du Groënland et où se trouve la baie Madeleine, entourée de tous côtés par des montagnes aux cimes pointues comme une lame de couteau ou dentelées comme une scie, d'une élévation de 1,500 à 1,800 pieds. Entre chaque montagne s'étendent des glaciers qui descendent du fond des vallées et se précipitent dans la mer, après avoir contourné comme un torrent quelque groupe de roches altières.

Il y a tel de ces glaciers dont la longueur varie de 12 à 15 kilomètres; on le voit déborder du vaste lit qui le contient en distinguant à peine au-dessus de sa surface les montagnes de l'arrière-plan. Sur la mer, la chute du glacier a plus de 100 pieds!

Un ancien explorateur du Spitzberg, Scoresby, a mentionné, dans sa Relation, des glaciers qui se précipitent dans la mer d'une élévation de 4 à 500 pieds. C'est absolument comme sur les côtes du Groënland.

Fig. 25. — Vue des glaciers du Spitzberg (baie des Anglais).

La voyageuse ne pouvait manquer d'être frappée vivement par l'aspect de ces glaces de la région polaire, teintes par la grande lumière d'été des couleurs les plus vives.

« Rien, » dit-elle, « ne peut rendre le formidable tumulte d'un jour de dégel au Spitzberg. La mer, hérissée de glaces aiguës, clapote bruyamment; les pics élevés de la côte glissent, se détachent et tombent dans le golfe avec un fracas épouvantable; les montagnes craquent et se fendent; les vagues se brisent furieuses contre les caps de granit; les îles de glaces, en se désorganisant, produisent des pétillements semblables à des décharges de mousqueterie; le vent soulève des tourbillons de neige avec de rauques mugissements; c'est terrible et magnifique : on croit entendre le choc des abîmes du vieux monde préludant à un nouveau chaos. »

On nous pardonnera de noter complaisamment ces impressions d'une Parisienne. Aucune femme, selon toute apparence, n'avait jamais abordé avant elle ces contrées lointaines, et il est à croire qu'elle ne rencontrera pas de longtemps d'imitatrice.

Si le spectacle de la baie frappa de surprise notre voyageuse, celui du rivage lui causa une impression des plus pénibles. « De tous côtés, » dit-elle, « le sol était couvert d'ossements de phoques et de morses, laissés par les pêcheurs norvégiens ou russes, qui venaient autrefois faire de l'huile de poisson jusque sous cette latitude élevée; depuis plusieurs années ils y ont renoncé, les profits ne valant pas les périls d'une telle expédition. Ces grands os de poisson, blanchis par le temps et conservés par le froid, avaient l'air d'être les squelettes des géants, habitants de la ville de glace qui, près de là, achevait de s'abîmer dans la mer. Les longs doigts décharnés des phoques, si semblables à ceux d'une main humaine, rendaient l'illusion frappante et me causaient une sorte de terreur.

« Je quittai ce charnier, et, me dirigeant avec précaution sur le terrain glissant, je m'acheminai vers l'intérieur du pays. Je me trouvai bientôt au milieu d'une espèce de cimetière; cette fois, c'étaient bien des restes humains qui étaient gisants sur la neige.

« Plusieurs cercueils, à demi ouverts et vides, avaient dû contenir des corps, que la dent des ours blancs était venue profaner.

Fig. 26. — Baie de la Madeleine, au Spitzberg.

« Dans l'impossibilité de creuser des fosses, à cause de l'épaisseur de la glace, on avait primitivement mis sur le couvercle des cercueils un certain nombre de pierres énormes, destinées à servir de rempart contre les bêtes farouches; mais les robustes bras *du gros homme en pelisse* (comme les pêcheurs norvégiens appellent pittoresquement l'ours blanc) avaient déplacé les pierres et dévasté les tombes; plusieurs ossements épars sur le sol, à moitié brisés et rongés : tristes reliefs du festin de l'ours. Je les recueillis avec soin et les replaçai pieusement dans les bières.

« Quelques tombes avaient été épargnées et contenaient des squelettes ou des corps à différents degrés de conservation; la plupart des cercueils ne portaient aucune indication; sur l'un d'eux cependant une main amie avait inscrit, avec un couteau, ces mots : *Dordrecht — Hollande*, 1783. Un nom avait précédé cette date, mais il était fruste au point d'être illisible. Un autre marin venait de Brême; sa mort remontait à 1697. Deux cercueils, placés dans un creux de rocher, étaient encore intacts; les corps qu'ils renfermaient avaient non seulement leur chair, mais même leurs vêtements : aucune inscription n'indiquait l'époque de l'inhumation, ni le nom ou la nation des morts.

« Je comptai cinquante-deux tombes disséminées dans ce cimetière, plus affreux qu'aucun autre; cimetière sans épitaphes, sans monuments, sans fleurs, sans souvenirs, sans larmes, sans regrets, sans prières; cimetière désolé, où il semble que l'oubli enveloppe deux fois le mort, où ne s'entend jamais ni un soupir, ni une voix, ni un pas humain; solitude terrible, silence profond et glacé, troublé seulement par le sourd hurlement de l'ours blanc ou le mugissement de la tempête! »

L'intrépide voyageuse fut pourtant saisie d'un indicible effroi au milieu de ces sépultures; la pensée qu'elle pouvait venir prendre une place auprès d'elles lui apparut soudain dans toute son horreur; ces tombes la firent frissonner. Elle se voyait déjà recevant la seule sépulture possible sur cette terre pétrifiée par le froid, que le soleil d'été ne peut pénétrer au delà de quelques pouces et qui n'a rien à offrir à l'homme, pas même un tombeau.

Pour la première fois, elle jeta « un regard de regret vers la France, vers la famille, les amis, le beau ciel, la vie douce et facile », qu'elle avait quittés pour les hasards d'une pérégrination si dangereuse! Quant à ces

Fig. 27. — Guillemots.

pauvres morts, c'étaient d'honnêtes pêcheurs norvégiens, russes ou hollandais, venus là pour chercher, au milieu des plus rudes travaux, des dangers les plus certains, la subsistance de leur famille.

A son retour au navire, Mme d'Aunet surprit une conversation entre matelots. Ils discutaient l'éventualité du retour, rendu tout à coup impossible par une barrière de glaces, et ils supputaient les souffrances que réserve l'hiver sous un aussi affreux climat. Sûrement on mourrait tous dans ce pays, et la petite dame ouvrirait la marche.

Quelques jours après, cette terrible perspective se présenta. Les glaces apparurent soudées autour du navire. « Pendant de longues heures, rien ne changea d'aspect; les pointes aiguës des glaces déchiraient çà et là l'épais voile de brume qui s'abaissait sur nos têtes, mais restait immobile.

« Un vent qui avait toutes les allures d'un ouragan s'éleva vers minuit; le vieil Océan secoua avec fureur sa crinière blanche d'écume, d'énormes vagues se précipitèrent sur les glaces; le banc craqua avec un grand bruit et se disjoignit. Jamais plus terrible tumulte ne causa une impression plus joyeuse : la baie était libre. »

Les craintes de la voyageuse n'avaient rien d'exagéré. « On cite des points de cette côte de fer, » a écrit lord Dufferin, « où, dans le seul espace d'une nuit, plus d'un bon vaisseau a été emprisonné et muré pour jamais. »

Notre voyageuse a noté de singulières particularités touchant la neige, cette neige dont la blancheur est proverbiale. Au Spitzberg, elle en a vu qui perdait sa couleur blanche pour prendre des nuances d'un vert tendre ou d'un rose pâle; « cette coloration, qu'on voit souvent envahir des plaines entières, est due à la présence de cryptogames imperceptibles, qui se développent, à la surperficie de la neige, sous l'influence de certaines combinaisons atmosphériques (1). » Ceci cons-

(1) Sur les hautes Alpes, le même phénomène se produit. On trouve de la neige rouge

titue la végétation la plus apparente du Spitzberg; cependant de patientes investigations peuvent faire découvrir au fond de quelques vallées, dans d'étroites crevasses garanties par des rochers, de petites plantes maigres, chétives, étiolées, qui penchent tristement leur tête vers le sol : c'est la saxifrage étoilée, la renoncule jaune, le pavot blanc. Sur les rochers même, il croît un lichen pierreux très adhérent, assez pareil à de gros champignons séchés; on rencontre aussi quelques touffes de mousses noirâtres, si imprégnées de l'humidité qu'elles se détachent par mottes sous le pied, et ont l'aspect d'une éponge moisie.

Fig. 28. — Macareux.

Il y a au Spitzberg des ours blancs et des rennes sauvages, en grand nombre, dans les vallées; mais M^me^ d'Aunet n'a aperçu ni un seul ours ni un seul renne. Quelques renards bleus furent tués par les chasseurs de l'expédition; ils étaient petits, chétifs et laids. Les renards bleus du Spitzberg ne ressemblent en rien, paraît-il, aux renards d'Islande ou de Sibérie, dont la fourrure est si belle et si estimée. A force d'être bien garantis contre le froid, ils n'ont même plus sur le corps une fourrure, mais plusieurs couches de poils très épais et si mêlés, si pelotonnés, que c'est bien plutôt un matelas qu'une

Fig. 29. — Au cap Nord de Scandinavie.

fourrure; en outre, au lieu d'être d'une couleur un peu fauve comme les renards d'Islande, ils sont d'un gris cendré. Leur peau est tout au plus bonne à faire une descente de lit.

Quant aux oiseaux de mer, on les voyait voler en rond au-dessus des glaces; mais ils n'égayaient pas ces solitudes, au contraire. C'est que « l'oiseau de mer est à peine un oiseau; il ne l'est ni par le ramage ni par les mœurs; il est vorace, farouche, criailleur et querelleur; eût-il, comme le guillemot, les jolies pattes de corail de la perdrix rouge, il n'en a jamais la grâce craintive. L'oiseau de mer n'a pas de ramage, mais un cri qui varie du rauque au lugubre; certaines espèces de goélands se plaignent comme des enfants qui pleurent; d'autres, nommés

Fig. 30. — En Laponie russe.

par les matelots *goddes*, poussent des ricanements étranges. » Et la voyageuse est amenée à faire cette pénible remarque : « Rien ne repose l'œil dans ce sinistre pays, rien ne charme l'oreille; tout y est triste, tout jusqu'aux oiseaux! »

Quant à nous qui ne sommes pas accessibles à de telles impressions, nous devons dire, pour être exacts, que les pingouins, les mergules nains, les macareux arctiques, les hirondelles de mer, les mouettes et les labbes fréquentent en grand nombre, et animent même, les parages du Spitzberg.

Certaines îles de la Norvège et le cap Nord de la péninsule scandinave s'avancent au delà du cercle polaire. La mer qui vient les battre se heurte là à des rives désolées. Mais les parages de cette partie avancée de l'Europe sont fort animés; dans ces mers les dauphins blancs montrent au-dessus des vagues leur dos de nacre, les baleines rapides apparaissent çà et là, nageant en faisant des ricochets, élevant par instants leur tête monstrueuse hors de la mer, pour prendre leur respiration; alors l'eau, chassée avec force par leur souffle puissant, les inonde de deux colonnes d'écume blanche.

Nous voici chez les Lapons. La région de la Laponie qui est au delà du cercle polaire s'étend à l'extrémité septentrionale de l'Europe sur le territoire norvégien, dont il occupe le Finnmark, et aussi au nord de la mer Blanche sur le territoire russe.

C'est une contrée sauvage, tantôt montagneuse et boisée, tantôt plate et marécageuse, avec un grand nombre de lacs et de cours d'eau.

Les ramifications de la chaîne de montagnes qui traverse la péninsule scandinave y sont encombrées de glaciers. Le climat est celui des régions polaires.

L'hiver est donc long et fort rigoureux. Sous la latitude de l'extrême nord de la Laponie, il y a un jour de deux mois et une nuit d'égale durée.

L'été est chaud, et serait fort agréable si une énorme quantité de moustiques, qu'on ne peut chasser que par la fumée, ne devenaient un fléau pour les habitants et les animaux.

Fig. 31. — *Le cap des Colonnes* (Terre du prince Rodolphe)

Poursuivons notre exploration circumpolaire.

A l'est du Spitzberg, au nord de la Nouvelle-Zemble, un massif de terres boréales avait été autrefois indiqué sous le nom de terre de Gillis. MM. Payer et Weyprecht ont tenté de retrouver cette terre perdue. C'était là l'objet de l'expédition austro-hongroise du *Tegethoff*.

L'expédition ne put suivre les termes de l'instruction officielle; mais grâce à la dérivation de la glace qui avait

Fig. 32. — Le cap Tegethoff, dans la Terre François-Joseph.

emprisonné le navire, une nouvelle terre fort grande fut découverte, elle reçut le nom de *François-Joseph.*

Voyons un peu, avant de décrire cette terre, comment se font, dans les hautes latitudes, les acquisitions qui viennent enrichir la science du globe.

Dans la nuit du 20 au 21 août 1872, par 72 degrés, *le Tegethoff* se trouva pris dans les glaces; il ne devait plus se dégager; la dérive l'entraîna lentement vers le nord. Quel était le sort réservé aux explorateurs autrichiens? L'avenir le dirait. Le froid ne tarda pas à augmenter chaque jour; le 1er septembre, le thermomètre marquait 17 degrés au-dessous de zéro; en novembre, 36, et, le jour de Noël, 50 degrés.

L'équipage était résigné, presque joyeux; la santé des hommes était bonne, à peu d'exceptions. La longue nuit d'hiver se passa en exercices hygiéniques, en travaux, en leçons, en lectures surtout : de nombreuses relations de voyage faisaient partie de la bibliothèque.

Ce qui plaisait le plus sous ces froides latitudes, c'était les récits de l'Afrique équatoriale. Livingstone devint le héros favori de ces pionniers du nord. Le 3 février 1873, le jour revint, et en avril, le printemps, mais encore avec 30 degrés de froid en juin. L'été n'amena pas le dégel, et le dégagement du navire ne se produisit pas même en août. L'inquiétude commençait à naître, et le 18 août on célébra, sans aucun enthousiasme, la fête de l'empereur François-Joseph.

Quelques jours après, le 30, le navire fut éveillé et comme secoué de sa torpeur, par ce cri inattendu : « Terre! terre! » « Nous étions, » dit le lieutenant Payer, « à 79° 43' de latitude, et 59° 33' de longitude, et nous avions devant nous un véritable paysage alpestre. Mais comment atteindre cette terre qui s'offrait à nos regards? Nous demeurions enchâssés dans notre glaçon de 12 kilomètres de diamètre. Nous nous hasardâmes jusque sur ses bords, où l'eau et les glaces flottantes arrêtèrent notre marche. Cette terre inconnue, qui se révélait ainsi à nous, reçut le nom de *Terre de François-Joseph*, et nous donnâmes le nom de notre navire à un cap qui se perdait dans l'éloignement. De ces rivages venaient probablement les grands *icebergs* que nous avions rencontrés; la dérive continuait. Heureusement, elle changea de direction et nous porta au nord, puis elle s'arrêta : sans doute le navire, ou peut-être le glaçon qui l'enserrait de toutes parts, avait touché un fond. Une courte exploration nous porta à travers les *hummocks* jusqu'à une île que nous nommâmes Wilczeck, en mémoire de notre généreux protecteur; la nuit nous ramena au navire. »

Elle fut longue et cruelle cette nuit; mais l'équipage

Fig. 33. — Les quatre chaloupes de l'expédition austro-hongroise.

était soutenu par la certitude d'une importante découverte accomplie. Le 10 mars 1874, le jour étant rendu aux explorateurs, Payer partit avec six hommes et trois chiens; et se portant vers le nord-ouest, il découvrit des terres qu'il baptisa des noms de *Hall* et de *Mac-Clintock*.

Selon le lieutenant Payer, la Terre de François-Joseph forme un système régional arctique de l'importance du Spitzberg et se compose de plusieurs massifs, entrecoupés de nombreux *fiords* et bordés d'une quantité d'îles.

S'il faut l'en croire, ni le Spitzberg ni l'archipel de la Nouvelle-Zemble ne présentent à un tel degré que la terre nouvellement découverte le caractère d'âpreté de la nature arctique. Durant l'hiver, « ce n'est de toutes parts qu'un hérissement de gigantesques glaciers, des montagnes glabres et candies, aux cônes abrupts. Un éblouissant linceul de neige recouvre l'espace entier, et les parois mêmes des roches nues, au lieu d'avoir leur coloris naturel, sont revêtues d'une croûte de glace rigide, due à la condensation de la pluie et de l'humidité. »

La végétation est partout excessivement pauvre et bien inférieure à celle du Groënland, du Spitzberg et de la Nouvelle-Zemble. On n'y trouve pas même ce misérable entrelacement de saules et de bouleaux minuscules rampant au ras du sol, ni les nombreuses plantes phanérogames qui croissent aux îles du Pendule et à la Nouvelle-Zemble. « Nulle part, » dit l'explorateur, « nous ne vîmes un tapis de gazon d'un pied carré qui nous rappelât la région du Midi. Quelques touffes de saxifrage, de céraste, de pavots; des mousses, des lichens en assez grand nombre et quelques végétaux embryonnaires.

« D'habitants humains, nulle trace, comme on pouvait le supposer. L'Esquimau lui-même trouverait-il à vivre dans ces parages? C'est très douteux.

« En fait de bêtes, il n'y a guère dans le sud de la Terre de François-Joseph que des ours polaires et des oiseaux voyageurs. Au nord du 81e degré, » ajoute le lieutenant Payer, « nous aperçûmes bien dans la neige des vestiges nombreux et distincts de pieds de renards; mais nous n'eûmes jamais l'occasion de voir un de ces animaux. Quant aux rennes et aux bœufs musqués, l'indigence de la végétation les empêche de remonter jusque-là, à moins cependant qu'il n'existe, ce que nous n'avons pu vérifier, dans les parties tout à fait occidentales et inexplorées du pays, des pâtis pouvant leur permettre de vivre en troupes, comme au Spitzberg. En fait de grands mammifères marins, nous ne rencontrâmes fréquemment

Fig. 34. — Chasseurs de fourrures se rendant à la Nouvelle-Zemble.

dans ces parages, en dehors de quelques convois de baleines voyageuses, que des veaux marins. Deux fois seulement, il nous arriva d'apercevoir des morses, mais assez loin de la côte. »

Le retour de l'expédition austro-hongroise fut des plus difficiles. *Le Tegethoff* dut être abandonné. Son équipage prit place dans quatre chaloupes que deux schooners russes recueillirent au cap Britwin.

Nous avons dit plus haut que la nouvelle Terre de François-Joseph est située entre le Spitzberg et la Nouvelle-Zemble. Il nous faut dire quelques mots de cette dernière. On voit que nous avançons toujours vers l'est.

La Nouvelle-Zemble (en russe *Novaïa Zemlia*) est considérée par quelques géographes comme appartenant à l'Asie, bien que ses montagnes semblent les dernières ramifications des monts Ourals. Les côtes de cette grande terre, baignées par la mer de Kara, n'ont pas encore été reconnues d'une manière exacte; l'encombrement des glaces dans cette dernière mer n'a pas permis jusqu'ici aux navigateurs de les aborder.

La flore de la Nouvelle-Zemble est on ne peut plus pauvre : quelques mousses, quelques chétifs brins d'herbe. Quant au règne animal, il est représenté dans ce groupe d'îles par l'ours, le renard, le renne, la loutre; de nombreux oiseaux viennent, au printemps, y faire leurs nids, comme dans toute la région glacée. Aucun être humain, si ce n'est, sur la côte méridionale, les baleiniers et les chasseurs de fourrures, qui s'y rendent d'Arkhangel, dans la saison favorable.

Nous achèverons notre tournée circulaire des régions du pôle nord en adoptant l'itinéraire tracé et suivi par l'illustre Nordenskiöld pour son passage d'Europe en Asie, et nous longerons la côte sibérienne, de l'ouest à l'est, jusqu'au détroit de Behring.

La tentative, couronnée de succès, du savant Suédois, constitue, on le sait, le fait géographique le plus important qui ait été enregistré depuis la découverte de l'Amérique.

Nordenskiöld avait déjà fait, de 1859 à 1872, cinq voyages dans les mers polaires, lorsque, convaincu de l'impossibilité d'arriver au pôle, soit par les voies navigables, soit en traîneau, il résolut de donner une direction nouvelle à l'activité des explorateurs, et il conçut le projet de chercher à l'est, c'est-à-dire au nord de l'Asie, ce passage qu'on s'obstinait à chercher à l'ouest, c'est-à-dire au nord de l'Amérique.

Fig. 35. — Bruant des neiges.

Il sera notre guide et nous aurons souvent à le citer.

Sur la limite de l'Europe se trouve encore l'île de Vaïgatch. On y voit, dans la plaine, de bons pâturages pour les rennes domestiques, et les Samoyèdes établis entre le détroit de Kara et le golfe de l'Obi y mènent leurs troupeaux au printemps et les ramènent en automne. Chose curieuse : ces animaux ne s'effrayent pas, pour aborder le continent, de traverser à la nage le détroit qui sépare l'île de la terre ferme, et qui est libre de glaces à cette époque.

Nous voilà en Asie. On sait que la côte sibérienne présente des golfes, des baies, des échancrures nombreuses aux embouchures de tous les grands fleuves qui se déversent dans l'océan Glacial. En maints endroits, la mer pénètre profondément dans les terres. C'est ainsi que l'Iénisséi et la Katanga forment la péninsule de Taïmour, habitée par les nomades Yakoutes.

La température humide qui règne, durant l'été, dans cette partie de la Sibérie, donne naissance à une luxuriante végétation, formée de graminées, de mousses et de lichens, qui couvrent les pierres et les rochers du bord de la mer d'une verdure sombre.

Les rennes trouvent dans la presqu'île d'assez bons pâturages, notamment vis-à-vis de l'île de Taïmour.

Le long des côtes se montrent les morses, les phoques barbus, les phoques hispides, les dauphins blancs; la mer contient beaucoup de poissons.

Les oiseaux sont rares dans la presqu'île.

On ne rencontre à terre que des bruants des neiges, quelques espèces d'échassiers et d'oies. A ces oiseaux, Nordenskiöld ajoute des lagopèdes (1) et une sorte de faucon. Un peu plus loin, le même explorateur vit des phalaropes, quelques espèces de *tringa*, un plongeon, une bande extrêmement nombreuse de bernaches cravants, quelques rares eiders, des goélands bourgmestres, des guillemots.

Parfois les assises des rochers d'une île servent de gîte à une multitude innombrable de pingouins et de goélands.

La partie la plus septentrionale de la presqu'île de

(1) Perdrix blanches.

Taïmour, — et de toute la Sibérie, — forme le cap Tchéliouskine (le Severo Vostotchnoï, nommé aussi cap Nord-Est). Après ce cap, la côte descend toujours plus au sud, à ce point que le détroit de Behring est situé un peu au-dessous du cercle polaire. La région côtière formant d'abord une immense *toundra*, — c'est le nom qu'on donne à un désert marécageux, — se montre, à mesure qu'elle se rapproche du détroit, pourvue d'une véritable

Fig. 36. — Tringa.

végétation forestière; sur quelques points même, la limite des forêts arrive à une petite distance de l'océan Glacial.

Près de l'embouchure des fleuves sibériens, notamment de la Kolima, il y a, au bord de la mer, des bancs de sables mouvants et de nombreuses lagunes. A son embouchure, la Kolima est divisée en plusieurs bras; l'un de ces bras n'a pas moins de 6 kilomètres de large.

Parfois la roche solide descend jusqu'à la côte, où elle forme des falaises abruptes de 15 à 20 mètres de hauteur.

En arrière, c'est-à-dire à l'intérieur, apparaissent des montagnes élevées, et, plus au sud encore, de hautes cimes couvertes de neige.

Ces fleuves sibériens, dont les rives, à leur embouchure, sont couvertes de bois flotté, débordent fréquemment au mois de juin, lorsqu'ils brisent leurs glaces. D'énormes blocs de glace s'accumulent dans les endroits où le lit est resserré et forment bientôt de véritables digues, qui retiennent les eaux et les déversent dans les campagnes environnantes.

Les poissons de ces fleuves sont le sterlet, la *nelma*, une sorte de truite saumonnée qu'amènent les vents de mer, le *tchir*, qui est une espèce de saumon. A un moment de l'année, il y a des passages de harengs.

Nordenskiöld, après avoir doublé le cap Tchéliouskine (19 août 1878), passa en vue des bouches de la Léna et gouverna sur l'archipel de Liakoff. Il reconnut les quatre grandes îles dont se compose cet archipel, — il y en a aussi quelques-unes de médiocre étendue, — et il constata, après le Russe Henenstrom qui les avait déjà visitées, que leurs bancs de sable, grèves, plaines et collines ne sont que des amas d'ossements fossiles de mammouth, de rhinocéros, de chevaux, d'aurochs, de bisons, de béliers et d'autres animaux de la période tertiaire. L'étude de ces débris ne peut manquer d'apporter quelque lumière sur cette époque.

Les indigènes de la côte asiatique se rendent chaque année en traîneaux dans ces îles avant la dislocation des glaces, pour y ramasser de l'ivoire, dont les gisements sont en quelque sorte inépuisables.

Nous avons peu de chose à dire des îles aux Ours, qui comptent quelques îlots rocailleux, où une multitude de rats ont établi leur domaine. Ces îles, situées à l'est de l'archipel de Liakoff, à environ 400 kilomètres, offrent une curiosité naturelle, la Porte du rocher.

Sur la côte sibérienne, les promontoires dominant les

espaces glacés de l'Océan arctique n'impressionent pas moins péniblement que les rivages désolés du Groënland ou les terres désertes du nord de l'Amérique.

Nordenskiöld a doublé le cap Chelagsk. Voici ce que dit l'amiral russe Wrangell de ce cap, dans *le Nord de la Sibérie* :

Fig. 37. — Cap Tchelouskine.

« L'aspect général du cap Chelagsk et de la mer qui l'entoure est le plus horrible qu'il soit possible d'imaginer. Ces sombres et noirs rochers, au pied desquels est une mer enchaînée par une glace immobile et séculaire, les chaînes de montagnes de glace qui courent à sa surface, éclairées par les pâles rayons d'un soleil qui s'élève à peine au-dessus de l'horizon, l'absence de tout ce qui a vie, enfin, le silence de mort qui règne en ces lieux, inspirent l'épouvante : tout dit au voyageur qu'il a franchi la limite du monde habitable. »

Quant à ces « chaînes de montagnes de glace » dont parle le célèbre explorateur russe, leur hauteur augmente à mesure qu'elles se trouvent plus éloignées des côtes; c'est que ces montagnes, auxquelles les Sibériens ont donné le nom de *toroses*, ne sont pas le produit des glaciers comme les *icebergs* que l'on voit dans les parages du Groënland et du Spitzberg; du moins, elles ne proviennent pas du rivage sibérien, d'où les glaciers sont absents.

A l'embouchure de la Kolima, se trouve la dernière station russe dans cette partie de la Sibérie, Nijni-Kolimsk. A cette latitude, moins septentrionale que celles où nous avons vu le jour et la nuit se partager, en quelque sorte, l'année, le soleil se montre constamment sur l'horizon pendant cinquante-deux jours, — du 15 mai au 6 juillet, — c'est-à-dire pendant la majeure partie d'un été qui ne dure que trois mois, mais qui s'élève à une si petite hauteur qu'à peine ressent-on son influence : il éclaire, mais ne chauffe point. Si près de la terre, ses rayons manquent de force, la forme de son disque s'altère et devient elliptique. « Ce disque a si peu d'éclat, » dit Wrangell, « que l'on peut le fixer sans qu'il blesse la vue. Quoique le soleil en été ne se couche pas, le passage du jour à la nuit est néanmoins appréciable : on voit l'astre s'abaisser vers l'horizon, ce qui annonce l'approche de la nuit, et que la nature va se livrer au repos; puis, deux heures après, il s'élance de nouveau, et tout se ranime; les oiseaux saluent le retour du jour par leurs gazouillements, la fleur jaune de la *toundra*, qui avait fermé son calice, se hasarde à s'épanouir de nouveau; en un mot, la

12

Fig. 38. — La Porte du rocher, dans l'une des îles aux Ours.

nature entière paraît impatiente de profiter de l'influence de ses rayons. »

L'extrême rigueur du climat dans cette partie de la Sibérie n'est pas le résultat unique de la latitude; elle est surtout le fait de la configuration du sol. Une plaine nue s'étend au loin du côté de l'occident, tandis qu'au nord la

Fig. 39. — Passage du jour à la nuit.

mer Glaciale se présente sans limites; aussi les vents du nord amènent-ils, en hiver, d'épouvantables chasse-neige.

Ces sortes d'ouragans, dont nous n'avons rien dit encore, parce qu'ils sont particuliers aux plaines découvertes des parties septentrionales de la Russie, sont toujours d'une violence extrême et souvent d'une longue durée. Sous la poussière de neige soulevée par un vent impétueux, toute trace de route disparaît. Si le voyageur s'égare, il est perdu.

On en a vu qui cherchaient un abri derrière la médiocre élévation de leur traîneau, se couchaient sur la neige pour trouver un peu d'air respirable, luttaient contre l'engourdissement du froid et parvenaient, malgré tout, à se tirer sains et saufs de pareilles tourmentes.

Une autre particularité à signaler dans les environs de la Kolima, c'est un vent fort singulier, par l'influence qu'il exerce sur la température. Si ce vent (nommé *vent chaud*) s'élève tout à coup en hiver, la température, de très rigoureuse qu'elle était, devient tout d'un coup supportable; c'est ainsi qu'il n'est pas rare de passer de 30 degrés de froid à 5 degrés de chaleur.

La végétation est chétive dans le nord de la Sibérie, comme dans le nord de l'Amérique. Il y a des endroits, — aux embouchures des grands fleuves notamment, — où tout le pays n'est qu'un profond marais, recouvert d'une mince couche de terre végétale. Cette terre, pénétrée de glace et qui se compose de feuilles et d'herbes pourries, fournit à peine la sève nécessaire à la croissance d'un mélèze rabougri, dont les racines, faute de pouvoir pénétrer dans le sol durci par le froid et qui ne dégèle jamais entièrement, apparaissent à la surface.

Sur les rives de la Kolima, croissent quelques saules à petites feuilles; les plateaux avoisinants se couvrent d'une herbe rude.

Plus près de l'océan Glacial, la végétation expirante s'affaiblit, pour disparaître complètement. De loin en loin quelque arbuste végète dans les parties où le sol argileux et sec est un peu plus favorable que les marais glacés, qu'entretiennent les inondations périodiques des fleuves. Le thym, l'absinthe et l'églantier croissent dans les endroits plats et couverts d'une bonne herbe.

Au mois de juin, les buissons à fruits se hasardent à fleurir, les prés s'émaillent de quelques fleurs; mais le vent se met à souffler de la mer, et la verdure jaunit, et les fleurs sont brûlées en quelques heures.

Wrangell, qui nous fournit ces détails, nous apprend aussi que le voyageur rencontre, cependant, quelquefois dans ces solitudes un endroit favorisé, où la végétation est

Fig. 40. — Airelle rouge.

plus active; là, sur les bords de jolis ruisseaux, croissent et fleurissent la petite groseille, le vaciet, l'airelle rouge, la *morochka* et une bruyère à fruits noirs nommée *chikcha*. Dans quelques plaines, que de hautes montagnes mettent à l'abri des vents du nord, on trouve même le tremble, le peuplier et le cèdre.

Au sud de la région polaire, les forêts qui tapissent les flancs des montagnes sont peuplées d'innombrables troupeaux de rennes, d'élans, d'ours bruns et noirs, de renards, de martres zibelines et d'écureuils. L'isatis et le loup parcourent les plaines; des bandes de cygnes, d'oies et de canards sauvages arrivent, au printemps, par grands vols, attirés par la sécurité que leur offrent ces régions presque désertes pour l'éclosion de leurs œufs. Ces oiseaux s'en vont tout à fait au nord. Les aigles, les grands-ducs, les mouettes poursuivent leur proie jusqu'au bord de la mer. Le long des fleuves, près des buissons, s'abattent en troupes nombreuses les perdrix blanches, et de petites bécasses se tapissent dans la mousse des rives marécageuses. Le corbeau erre à l'entour des habitations. Enfin, il n'est pas jusqu'au chant joyeux du pinson qui ne se fasse entendre dès les premiers jours chauds, et en automne le gazouillement des petites nonnettes.

Sur la limite méridionale de la région polaire, on peut jouir encore de quelque belle scène de la nature du nord, de quelque beau tableau sibérien, qui n'a rien d'analogue dans les autres contrées du pôle arctique. Au printemps, — qui serait le rude hiver pour nous, — dans l'air vif, merveilleusement clair et transparent, la steppe neigeuse s'allonge depuis la lisière des bois jusqu'aux montagnes de l'horizon. Soudain le soleil montre, à travers les pics lointains de l'orient, un petit segment de son disque d'or; le paysage se revêt d'une beauté surnaturelle. Les rayons qui traversent horizontalement l'espace semblent colorés par quelque subtile influence atmosphérique; les bouleaux, fléchissant sous le poids du givre, resplendissent, comme des lustres gigantesques aux mille cristaux taillés. Chaque branche, chaque ramille lance des scintillements de lumière prismatique, quand la brise matinale vient les agiter; l'éclat rouge du soleil levant les inonde des reflets du quartz rose. On dirait de chacun d'eux, suivant l'expression enthousiaste d'un voyageur, « l'apothéose d'un

Fig. 41. — Arrivée des canards, au printemps.

arbre; » et cela peut bien justifier les Parsis adorateurs du feu, d'avoir déifié le grand luminaire qui produit d'aussi magnifiques effets.

Avant d'aller au delà du détroit de Behring, il nous reste à parler de la péninsule tchouktcha.

*La Véga*, navire que montait Nordenskiöld, après avoir quitté les parages des îles Liakoff, se rapprocha du continent.

Le long du littoral existait un espace libre de glaces; les eaux des grands fleuves asiatiques, en se déversant dans le bassin arctique, contribuent à entretenir un courant superficiel chaud et médiocrement salé qui, sous l'influence de la rotation de la terre, se dirige vers l'est. C'est l'idée exacte de cet état de choses que s'était faite Nordenskiöld, qui lui fit concevoir le projet de son expédition.

Le navigateur suédois tenta en vain de s'avancer au nord vers les terres de Wrangell et de Kellet; mais il rencontra bientôt des masses impénétrables de glaces, qui le forcèrent de revenir vers la côte sibérienne.

Le pays des Tchouktchas, qu'on ne connaissait un peu que par la relation de Wrangell et de ses auxiliaires, s'offrait à l'étude de Nordenskiöld et des savants qui l'accompagnaient. *La Véga* mouilla au pied de ce cap Chelagsk dont nous avons décrit l'aspect terrifiant.

Les côtes de cette partie de la Sibérie sont plates et basses. Parfois, plongeant presque dans la mer, s'élève quelque rocher de granit. Les plus remarquables de ces hautes roches sont celles qu'on voit au cap Baranoff : il y en a deux, l'une de granit blanc, l'autre d'ardoise d'un bleu noir.

En s'avançant vers l'est, on rencontre quelques promontoires, l'Irr-Kaïpi, qui élève à 300 pieds sa flèche ardoisée, et s'unit à la côte par une langue de terre basse et étroite, — c'est le cap Nord de Cook, — et l'Ammon qui a 100 pieds de moins. Ces deux promontoires enserrent un golfe ouvert au nord, et dont le fond est fermé par une montagne de 500 pieds d'élévation; en arrière encore, s'ouvrent des plaines marécageuses et gelées, remplies de crevasses; enfin, au sud, des montagnes très hautes, dont les pics demeurent couverts d'une neige

Fig. 42. — La *Véga* double le cap Chelagsk.

éternelle; puis, en suivant le rivage de la mer, c'est, un peu plus loin, le cap Wankarema. Au delà, une longue et étroite langue de sable, qui porte le nom de Tep-Kaioukiou, s'avance dans la mer toute bordée de glaçons, et presque toujours blanche d'une neige sur laquelle quelques blocs d'ardoises font des taches noires.

On nous pardonnera de donner tous ces noms barbares, qui sont bien mieux à leur place sur une carte que

dans notre livre; encore faut-il que nos lecteurs puissent se faire une idée de la péninsule tchouktche, qui ne sera pas connue avant que Nordenskiöld y soit retourné.

Au sommet du cap Irr-Kaïpi, les vogageurs de l'expédition suédoise virent, dans une sorte de forteresse, les vestiges d'une dizaine d'habitations, témoignant du séjour en ces lieux d'une population indigène, les Onkilons, qui a dû fuir devant l'oppression des Tchouktchas. Chacune de ces demeures en ruines contenait trois ou quatre chambres, faisant face au nord; au sud, se trouvait un corridor bas et étroit, dont les parois, comme celles des chambres, étaient en ossements de baleines rangés verticalement et soutenant les poutres du plafond. Près de ces habitations, il fut pratiqué des recherches; on trouva, sur une éminence, une mâchoire de baleine mesurant 20 pieds, des ossements de divers animaux et des bois de renne.

Quant aux animaux, « le lièvre, » dit M. Nordqvist, l'un des lieutenants de Nordenskiöld, « est le mammifère que l'on voit le plus souvent en hiver sur la côte septentrionale de la presqu'île tchouktche. Il se distingue du lièvre alpin ordinaire de Scandinavie par ses dimensions plus considérables... On rencontre ce lièvre par groupes de cinq ou six individus, sur les collines recouvertes seulement d'une mince couche de neige, dans le voisinage des tentes, malgré les troupes de chiens affamés qui y rôdent. »

Mais il est temps d'aller, au delà du détroit de Behring, jeter un coup d'œil sur la partie de l'ancienne Amérique russe située au nord du cercle polaire. Nous aurons ainsi achevé notre excursion circulaire à travers les régions du pôle boréal.

Après le détroit, les côtes de l'Alaska (ancienne Amérique russe) montent légèrement au nord, forment la pointe Baranoff, puis s'infléchissent vers le sud jusqu'à l'embouchure du Mackensie. Un peu après la pointe Baranoff, une chaine de montagnes assez élevées longe presque le rivage; elle a reçu le nom de monts Franklin.

Dans cette partie de l'Alaska, la flore est la même qu'au

Fig. 43. — Le lièvre blanc des régions polaires.

nord de l'Asie, la faune est la même aussi. Beaucoup de morses dans les parages de la mer Glaciale; beaucoup de renards polaires dans les *toundras* et les montagnes.

Nous voilà enfin arrivés à notre point de départ : l'archipel de Parry, les terres arctiques situées dans le voisinage du Groënland.

## III.

Les habitants de la région arctique. — Les Esquimaux de l'Amérique et du Groënland. — Les Lapons. — Les Samoyèdes. — Les Yakoutes de la péninsule de Taïmour. — Les Tongouses et les Youkaguires du nord de la Sibérie. — Les Tchouktchas. — Les indigènes de l'Alaska.

Les régions polaires appartiennent à des races déshéritées comme les Esquimaux ou les Lapons, à des hommes de fer comme les Sibériens de l'extrême nord. Elles ont été longtemps, pour ainsi dire, abandonnées par le reste du monde, et lui sont encore étrangères et presque ignorées.

On a sur les Esquimaux des indications nombreuses. Si le pôle nord demeure une région mystérieuse, les Esquimaux du nord de l'Amérique et du Groënland ne peuvent plus être rangés parmi les peuples inconnus. Nous en avons vu même, en 1880, au Jardin d'acclimatation de Paris.

On se rappelle ces petits bonshommes de quatre pieds et quelques pouces de haut, au front bas, au nez écrasé, avec peu ou point de barbe au menton, des cheveux longs, plats et noirs, noués sur le dessus de la tête ou coupés sur le devant et alors tombant sur les épaules; des pieds et des mains d'une petitesse à faire envie à plus d'une Parisienne. Il y a du Chinois et du Tartare dans leur figure large, joufflue, aux pommettes saillantes.

Mais ceux que Paris a vus étaient lavés, brossés, étrillés. Dans leur pays, hommes et femmes sont d'une malpropreté toute primitive. Affublés de peaux de phoque taillées en cottes, en casaques à capuchon, en culottes, en bottes montantes, quelquefois de peaux d'ours, ces vêtements achèvent de leur enlever un air humain.

Précisons : le costume des Esquimaux est fait de peaux de renne et de phoque ; les premières pour les vêtements d'hiver, les secondes pour ceux d'été. La jaquette est ronde, sans ouverture par devant ni par derrière ; on la passe par-dessus la tête comme une blouse ; elle s'ajuste au corps sans le serrer trop étroitement. Cet habit descend au-dessous des hanches ; il est pourvu de manches, qui vont jusqu'aux poignets. Les femmes y adaptent une longue queue, pendant presque à terre.

Ces vêtements d'Esquimaux sont parfois très curieusement ornés. Le capitaine Hall a décrit une jaquette de femme, qui peut passer pour un chef-d'œuvre dans son genre. Le col était bordé d'une rangée de perles enfilées, disposées en pendants ; on comptait quatre-vingts de ces pendants rouges, bleus, noirs et blancs, chacun ayant une quarantaine de perles. Sur le devant étaient cousues des soucoupes, des cuillères à bouche et des cuillères à thé en métal anglais. La queue était enjolivée d'une bordure de balles de plomb cylindro-coniques. Six paires de pièces de monnaie de cuivre des États-Unis brillaient le long de cette sorte de basque, et à l'endroit le plus apparent était fixé un gros timbre provenant d'une ancienne horloge.

Ainsi les phoques de leurs mers glacées leur fournissent un vêtement complet ? Oui, et bien davantage. Ils leur donnent encore leur chair, leur lard, leur sang, dont

Fig. 44. — Esquimau.

les Esquimaux font une nourriture habituelle, l'huile qui les réchauffe et les éclaire.

Cependant, le phoque ne suffit pas toujours à tout, c'est une ressource qui manque quelquefois à ces gens qui n'ont que cette immense et unique ressource; que la prolongation du froid éloigne ces amphibies, et souvent

Fig. 45. — Jeunes Esquimaux jouant à la balle

des campements entiers d'Esquimaux mourront de faim; les plus robustes seront réduits à se nourrir des cadavres de ceux qui succombent les premiers. Un vieillard, racontait l'infortuné lieutenant Bellot, n'avait pas reculé, pendant un hiver rigoureux, devant la cruelle nécessité de dévorer le corps de sa femme et de ses deux enfants. Il demeurait plongé dans une sombre tristesse, et si on lui présentait des aliments, de grosses larmes coulaient sur ses joues.

Mais les Esquimaux ne sont pas toujours réduits à de telles extrémités, et leur gloutonnerie est connue. Il faut les voir réunis en groupe, armés chacun d'un couteau, dépeçant un phoque et avalant, sans même les mâcher, des bandes de lard fournies par cet animal, tandis que les plus gourmands boivent le sang chaud et fumant, recueilli dans une jatte de bois. Les mangeurs de lard réclament aussi leur part du liquide, et le bol circule, un bol qui sans doute n'a jamais été nettoyé que par la langue longue et flexible des chiens.

« Avec une avidité repoussante, on les voit absorber poissons avariés, oiseaux qui infectent la charogne (1). Ils ne reculent pas devant les intestins de l'ours, pas même devant ses excréments, et se jettent avec avidité sur la nourriture mal digérée qu'ils retirent du ventre des rennes. Nous ne pouvons nous représenter la chose sans faire un geste de répulsion, mais c'est le cas de répéter l'axiome que des goûts et couleurs il ne faut pas discuter. M. Lubbock suggère avec vraisemblance que cette idiosyncrasie gastronomique s'explique par le besoin qui s'impose aux Innoïts ou Esquimaux d'assaisonner de quelques particules végétales les viandes pesantes dont ils chargent leur estomac.

« D'un autre côté, voici le capitaine Hall qui a tâté de ce plat et déclare qu'il n'est rien de meilleur. Il en mangea plusieurs fois : la première dans l'obscurité, et sans savoir ce qu'il se mettait sous la dent. « C'était délicieux, et ça fondait dans la bouche... de l'ambroisie avec un soupçon d'oseille. »

(1) Élie Reclus, *les Hyperboréens, ou la Race esquimaude.*

Mais écoutons-le raconter la dégustation qu'il en fit dans un festin dont il prit sa bonne part :

« Première entrée, un foie de phoque, cru et encore chaud, dont chaque convive eut son fragment enveloppé dans du lard. Au second service, des côtelettes d'une

Fig. 46. — Phoques du Groënland.

tendreté à nulle autre pareille, toutes dégouttantes de sang : rien de plus exquis. Enfin, quoi? des tripes que l'hôtesse dévidait entre ses doigts, mètre après mètre, et débitait à un chacun, par longueurs de deux à trois pieds. On me pressait comme si je n'appréciais pas ce morceau délicat, mais je savais aussi bien que personne qu'il n'est rien dans le phoque, rien qui ne soit bon. Je m'emparai d'un de ces rubans, que je déroulai entre les dents, à la mode arctique, et m'écriai : « Encore! encore! » Cela fit sensation, les vieilles dames s'enthousiasmèrent.

« Ces amateurs se pourlèchent les babines de myrtilles et framboises écrasées dans une huile rance; ils savourent le lard de baleine, coupé en tranches alternées, des blanches et fraîches avec des noires et putrides. Bouchées

Fig. 47. — Umyak et kayaks des Esquimaux.

de roi, un hachis de foie cru saupoudré d'asticots grouillants; friandise, la graisse qui fond sur la langue; nectar, les verres de lait qu'on recueille dans l'œsophage des phoquets, ou petits phoques, lait blanc comme celui de la vache, parfumé comme celui des noix de coco; jouissance à nulle autre pareille, le sang de l'animal vivant, bu à même la veine au moyen d'un instrument inventé à cet effet. Autant que possible, ils étouffent le phoque plutôt que de l'égorger, afin de ne perdre aucune goutte du liquide vital qui est charrié dans les artères. Le sel leur répugne, peut-être parce que l'atmosphère et les poissons crus en sont déjà saturés. Gourmands et gourmets, ils apprécient la qualité, mais à condition que la quantité surabonde. Qu'on serve cuit ou cru, vif ou pourri, mais qu'il y en ait beaucoup. En général, la gelée et l'attente ont déjà fait subir aux viandes un ramollissement qu'ils estiment suffisant. Quant à la cuisson proprement dite, ils l'admettent en temps et lieu, comme raffinement agréable, mais jamais comme nécessité. »

Dans de telles conditions d'existence, on ne peut songer à s'établir nulle part. Aussi les Esquimaux se blottissent-ils sous des huttes de neige et de glace, rapidement construites par eux, et dans lesquelles ils pénètrent en rampant par un passage étroit, creusé dans la neige, et aboutissant à une chambre circulaire, semblable au four d'un boulanger. Une de ces huttes fraîchement terminées est, parait-il, une des plus belles choses qui se puisse voir. « La pureté des matériaux, » rapporte John Franklin, « l'élégance de la construction, la translucidité des parois à travers lesquelles filtre la plus douce des lumières, lui donnent une beauté qu'aucun marbre blanc ne saurait égaler. La contemplation d'une

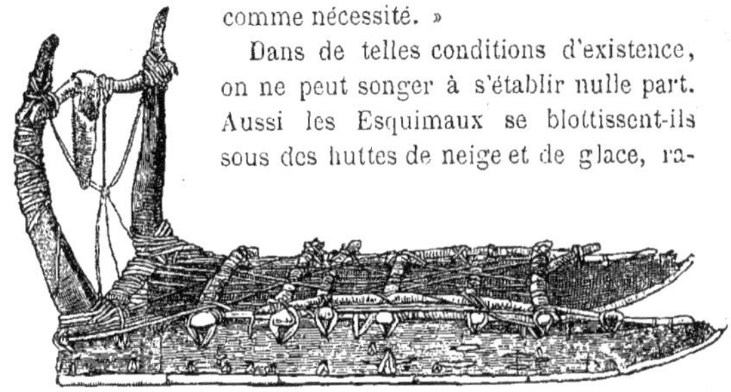

Fig. 48. — Ancien traîneau des Esquimaux

de ces constructions et celle d'un temple grec qu'aurait élevé Phidias nous laissent la même impression : triomphes de l'art l'un et l'autre, ils sont inimitables chacun dans son genre. »

Cependant, comme le jour qui pénètre à travers les minces plaques de glace encadrées dans la voûte ne suffit pas, et qu'il faut aussi lutter contre le froid, une lampe, dont la flamme forte et fumante est haute de quarante centimètres, supplée à la lumière absente du soleil et sert de foyer ; la chaleur de ces huttes est si grande que hommes et femmes y demeurent à peine vêtus : on passe sa chemise pour aller dehors.

Ils ont pourtant quelquefois un autre genre d'habitation : Mac-Clintock trouva dans la baie de Pond, qui entaille la terre de Cockburn, un clan d'Esquimaux, composé de vingt-cinq personnes. Leur village, fait de tentes de peaux de phoque, était situé dans une anse reculée, au fond d'un hémicycle de glaciers et de montagnes basaltiques.

Les explorateurs ont trouvé des traces de campement des Esquimaux sur presque toute la surface du labyrinthe arctique. C'est, d'après leurs observations, sur le côté occidental du Groënland qu'ils semblent s'être avancés le plus avant vers le pôle.

Revenons à l'*iglou,* qui est la véritable demeure de l'Esquimau.

Pendant que les hommes sont à la pêche ou à la chasse, les femmes demeurées au logis raccommodent les vêtements et assouplissent les vieilles bottes de toute la famille en les mordillant sur leurs diverses faces. Les dents des femmes des Esquimaux sont à cet égard de précieux instruments !

Un soir que le capitaine Hall manquait d'huile pour sa lampe, il pénétra sous une hutte pour s'en procurer. L'Esquimau n'en avait pas; mais il se mit en quête, et bientôt il rapporta un morceau de lard de phoque, qui fut passé à l'une des dames présentes, laquelle était couchée sur son lit en costume... très léger. Aussitôt, de fort bonne grâce, elle se souleva sur un de ses coudes et se mit en devoir de mordre dans le morceau de lard; elle en arrachait des bouchées, les mâchait, et rejetait dans un petit vase cette huile obtenue par une mastification féroce. En quelques minutes, grâce à la « meule dentaire », qui fonctionnait avec tant de complaisance et de régularité, le capitaine

Fig. 49. — Traîneau moderne.

Hall eut assez d'huile de phoque pour en remplir deux lampes. « C'était, on peut le croire, dit l'explorateur, un singulier tableau que cette fabrication d'huile. »

Mais les eaux de la mer sont rendues au mouvement. Quel est ce téméraire qui se lance en canot à travers les glaçons, prêt à gagner le large? Il n'en faut pas douter; il n'y a qu'un Esquimau pour s'aventurer ainsi dans son *kayak*. Et savez-vous quelle solidité présente cette sorte de pirogue? Imaginez un bateau, dont les bords s'élèvent à peine à quatre pouces au-dessus de l'eau, quand celui qui le dirige est dedans. Long de 4 à 5 mètres sur 60 centimètres de large, il en a de 30 à 40 de haut. Le *kayak*, fait de peaux cousues ensemble et assemblées sur une légère carcasse d'os, est fermé dessus avec des peaux, sauf un trou au milieu duquel s'est glissé l'Esquimau.

La difficulté, pour lui, est de conserver l'équilibre. La mer est courte et dure; les lames tourmentées déferlent lourdement, produisant un roulis rapide et profond : la pirogue a chaviré; l'Esquimau n'en pourra pas sortir; il est donc perdu? non, il se redresse avec sa pagaie et reprend le cours de sa navigation. « A voir ainsi enchevêtrés l'un dans l'autre l'homme de mer et son esquif, » dit un voyageur, « on se demande si c'est la pirogue qui s'est faite homme, ou l'homme qui s'est fait pirogue; et si les anciens eussent vu un de ces êtres moitié homme, moitié bateau, ils auraient imaginé une race à part, avec tout autant de raison que la conception de leurs centaures. »

Si l'Esquimau n'a pas l'air d'un homme, son chien n'a pas l'air d'un chien : on dirait un loup, un loup apprivoisé, si l'on veut. Plus grand que notre chien de berger, plus fortement charpenté, couvert d'un pelage plus épais, blanc ou noir, il a plus d'un trait de ressemblance avec le loup gris de la région polaire, tant par l'abondance de son poil que par ses oreilles droites, son crâne large du haut, son museau long et pointu. Il l'égale presque en grosseur, et il hurle plutôt qu'il n'aboie.

Ces animaux sont infiniment précieux pour les Esquimaux, dont ils constituent à peu près toute la richesse; ils sont dressés à tirer les traîneaux; on les y attelle en assez grand nombre.

Les mêmes chiens, ou leurs congénères, sont utilisés

de même en Laponie, et dans le nord de la Sibérie, de l'Obi au détroit de Behring.

Ces sortes de chiens peuvent demeurer impunément en plein air sans trop souffrir. Ils se creusent un trou dans la neige, en ne laissant à l'air que l'extrémité de leur museau, sur lequel ils ramènent leur épaisse queue pour résister à l'âpreté du froid. L'été, dans les lieux où les moustiques les tourmenteraient, ils savent se creuser des trous dans la terre pour échapper aux cuisantes morsures.

Fig. 50. — Table d'os de morse.

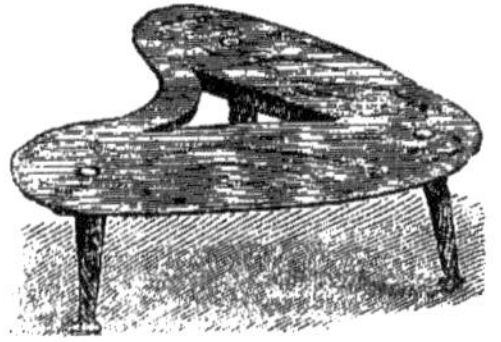

Fig. 51. — Siège des Esquimaux.

« Toute une bande de chiens étant attachée au traîneau d'un Esquimau, » dit M. Élisée Reclus, « il n'aurait jamais de fouet assez long pour atteindre les premiers. Que fait-on quand on veut aller vite? Le conducteur cingle un bon coup de fouet sur le dernier chien, qui, méchant et hargneux comme ils le sont tous, ne veut pas rester sur son coup de fouet, et, ne pouvant se retourner, se venge par un coup de dent dans l'arrière-train de celui qui le précède, lequel le transmet à son précurseur, lequel le fait passer plus loin, et en un rien de temps ils ont tous été fouettés ou mordus, et le traîneau file rapidement par la neige, au milieu des protestations, grognements et hurlements de l'équipage.

« Le soir venu, on attache le roi de chaque meute près de son traineau, sujets et sujettes l'entourent et se couchent à ses pieds. Cette soumission est loin d'être constante, et le plus souvent n'est que le résultat de la fatigue et de l'épuisement. Dans la gent cynique, elle aussi, les monarques ont fort à faire pour gouverner leurs vassaux, dont les femelles surtout sont d'humeur vagabonde. On voit les mâles tirer sur la corde, grognant et relevant les babines, impatients de l'heure où ils pourront se mesurer avec leurs rivaux, et décider qui sera le chef suprême. Une longue suite de combats établit l'autorité du plus hardi ; encore cette autorité n'est pas longtemps respectée. Ces chiens aiment le tumulte, et la bataille est la condition naturelle de leur existence. »

Les Esquimaux ont de singulières coutumes matrimoniales. Lorsque l'un d'eux a fait choix de la fille qu'il veut épouser, il s'adresse à la maman. Si la future belle-mère reconnaît au prétendant les aptitudes suffisantes, c'est-à-dire si par sa chasse et sa pêche il est en état d'entretenir une femme, elle s'empresse de donner son consentement. Le fiancé se procure alors des vêtements de choix pour celle qu'il aime et les lui offre; et l'on va voir que la cérémonie nuptiale se réduit à l'acceptation de la « corbeille ». En effet, la jeune fille, par le seul fait qu'elle se pare de ces vêtements, prononce un « oui » solennel. Il ne lui reste plus qu'à aller trouver dans sa hutte de neige celui dont elle est la femme dès ce moment même.

Le guide Hans, cet Esquimau qui a fait partie de plusieurs expéditions, perdit dans l'une d'elles sa belle-mère, qui l'avait rejoint, et les Américains assistèrent avec curiosité à un enterrement esquimau. La morte fut enveloppée dans une peau et descendue dans un trou, autour duquel sa fille dansa pendant une heure, laissant tomber successivement un couteau, des aiguilles et du fil tiré des

Fig. 52. — Chien des Esquimaux.

nerfs de phoque; le trou fut fermé, et c'est ainsi que la cérémonie s'acheva.

Mais Hans et les siens étaient « civilisés ».

Il existe chez les Esquimaux une coutume horrible : celle d'enterrer encore vivantes les personnes dont la mort semble prochaine.

Voici un fait de ce genre : le capitaine Hall avait donné

des soins à une malheureuse femme, nommée Nuketou ; un jour, comme il allait lui rendre visite, il trouva les voisins occupés à lui bâtir un nouvel *iglou.* Il questionna les travailleurs et apprit d'eux que cette hutte de neige devait être le tombeau vivant de la malheureuse femme! C'était la coutume, et personne ne songeait à s'y dérober.

Quelques jours après, la pauvre Nuketou fut transportée dans l'*iglou.* Quatre femmes l'avaient étendue sur une civière de peau de renne; elles l'introduisirent par une entrée, ménagée à cet effet derrière la hutte, et non par l'entrée ordinaire, qui ne fut ouverte qu'après cette première partie de la cérémonie. Les porteuses pétrirent des blocs de neige et l'ouverture fut bouchée sous la direction de l'une d'elles, restée auprès de la mourante.

Lorsque Hall put pénétrer dans l'*iglou,* il trouva Nuketou calme, résignée et reconnaissante même de tout ce qu'on faisait pour elle. Elle savait que cette hutte devait être son tombeau ; mais avec les idées de sa race, et sentant qu'elle devenait un fardeau pour les autres, qu'au surplus ses jours étaient comptés, elle se résignait, attendant qu'on l'abandonnât à son sort, qu'on la laissât mourir... Ce qui fut fait.

Nous constaterons plus d'une fois chez les sauvages cette dureté de cœur qui les porte à vouer à la mort ceux qui leur sont à charge.

Les Esquimaux ne sont pas absolument dépourvus d'idées religieuses ; ils croient à l'existence d'esprits bons et mauvais, mais ils ne semblent pas faire de différence entre eux. Ils vivent sous l'influence de sorciers, qui cumulent les fonctions de prêtre et de médecin. On nomme cet homme précieux un *angeko.*

En passant des terres polaires de l'Amérique et du Groënland au nord de la péninsule scandinave et de la Russie, nous retrouvons les petits hommes; — après les Esquimaux, les Lapons.

« Ces hommes, » a dit Regnard, dans son *Voyage de Laponie*, « sont faits tout autrement que les autres. »

Fig. 53. — Une montée difficile.

(On peut croire qu'ils n'ont pas changé depuis la visite dont les honora en 1681 notre poète comique.)

« La hauteur des plus grands n'excède pas trois coudées, et je ne vois pas de figure plus propre à faire rire. Ils ont la tête grosse, le visage large et plat, le nez écrasé, les yeux petits, la bouche large et une barbe épaisse qui leur pend sur l'estomac. Tous leurs membres sont proportionnés à la petitesse du corps : les jambes sont déliées, les bras longs; et toute cette petite machine semble remuer par ressort. Voilà la description de ce petit animal qu'on appelle Lapon ; et l'on peut dire qu'il n'y en a point, après le singe, qui approche plus de l'homme. » Plus loin, dans sa relation, le poète dit encore : « Il est constant que tous les Lapons et les Laponnes sont extrêmement laids. Leur visage est carré, les joues extrêmement élevées, le reste du visage très étroit, et la bouche se coupe depuis une oreille jusqu'à l'autre. »

Les Lapons sont robustes et agiles. Leur teint, d'un brun olivâtre, est rendu plus foncé encore par la fumée dans laquelle ils vivent.

Chrétiens pour la plupart, ils vivent en nomades. Cependant il y a, dans le voisinage des Norvégiens et des Suédois, beaucoup de Lapons qui sont devenus sédentaires ; mais la hutte ronde de ceux-là ressemble étrangement à la tente des autres, — avec son ouverture laissée dans le toit pour le passage de la fumée du foyer, avec son revêtement de branches de bouleau et de mottes de gazon.

La grande ressource du Lapon est le renne; chaque famille en possède plusieurs centaines; moins, ce serait pour elle la misère profonde. Ces animaux sont bien précieux pour eux : ils leur fournissent du lait, dont on fait aussi des fromages; leur chair est à peu près la seule viande qu'on mange. Le renne sert aussi d'animal de trait et donne ensuite sa peau pour la confection des vêtements, robes, bottes, gants, et pour l'édification des tentes. Ces bottes méritent une description : très larges et doublées à l'intérieur de menu foin, elles sont sans semelles. Grâce à ces chaussures, il est possible d'aller à travers des terrains accidentés, couverts de neige.

Les Lapons nomades, qui vivent dans les forêts et auprès des cours d'eau, chassent et pêchent. Ils se servent encore d'arcs et d'arbalètes. Le gibier est très abondant.

Il faut noter, dans l'alimentation des Lapons, l'écorce tendre qui se trouve au sommet des pins ou des bouleaux, trempée dans l'huile ou cuite sous la terre chaude, ou

Fig. 54. — Un tombeau d'Esquimau.

broyée avec des os de poisson, et aussi une sorte de bouillie faite avec du suif et de la farine : cette farine, ils l'obtiennent des Russes ou des Suédois par voie d'échange, en donnant des quartiers de viande sèche (toujours le renne!), du poisson fumé et des fourrures. C'est encore ainsi qu'ils se procurent le tabac et l'eau-de-vie, qui leur plaisent tant.

Les voyageurs ont signalé depuis longtemps un fait qui a toutes les apparences du merveilleux : dans le voisinage d'un village de Laponie, nommé Ponoï, situé à l'embouchure de la rivière du même nom, sur la côte nord-ouest de la mer Blanche et de la presqu'île de Kola (cap Orloff), on trouve une espèce de poussière légère, blanchâtre, assez semblable à du talc, laquelle est ramas-

Fig. 55. — Derniers restes de funérailles.

sée par les indigènes et consommée comme aliment. La vérité est que cette nouvelle manne du désert ne se mange pas toute seule, mais mélangée à de la farine ordinaire, et, par ce moyen, convertie en pain. La terre en question forme une couche importante, épaisse de deux ou trois pieds, sous le sable et l'argile de la rivière Atsche-Rieka, qui se jette dans la mer Blanche, près de la rivière Ponoï. C'est un silicate de potasse finement pulvérisé. Il provient sans doute des débris d'un lit schisteux, que la fonte des neiges ou les pluies amènent dans

Fig. 56. — Troupeau de rennes en Laponie.

la vallée de l'Atsche-Rieka, où ils sont déposés en couche comme la terre à porcelaine.

Avec sa vieille pipe et sa goutte de liqueur assurée, le Lapon entretient l'incroyable indolence qui lui est naturelle. Ajoutons qu'il se montre aussi crédule et superstitieux qu'il est indolent.

Les jeunes femmes possèdent, en Laponie, ce qu'on appelle ailleurs la beauté du diable; mais, en vieillissant, elles enlaidissent étrangement; au demeurant, épouses fidèles et bonnes mères. On les voit vaquant à de rudes travaux, portant, retenu sur leur dos par une courroie, le berceau et le nourrisson. Les mères sont peu fécondes, et dans ces climats rigoureux la mortalité frappe cruellement les nouveau-nés. On peut croire que les enfants qui survivent auront la vie dure; et de fait, les Lapons atteignent des âges fort avancés.

Regnard nous a donné une exacte description du traîneau lapon : « Cette machine, qu'ils appellent *pulea*, est faite comme un petit canot, élevée sur le devant pour fendre la neige avec plus de facilité. La proue n'est faite que d'une seule planche, et le corps est composé de plusieurs morceaux de bois, qui sont cousus ensemble avec un gros fil de renne sans qu'il y entre un seul clou, et qui se réunissent sur le devant à un morceau de bois assez fort, qui règne tout du long, par-dessus, et qui, excédant le reste de l'ouvrage, fait le même effet que la quille d'un vaisseau. C'est sur ce morceau de bois que le traîneau glisse; et comme il n'est large que de quatre bons doigts, cette machine roule continuellement de côté et d'autre : on se met dedans jusqu'à la moitié du corps, comme dans un cercueil; et l'on vous y lie, en sorte que vous êtes entièrement immobile, et l'on vous laisse seulement l'usage des mains, afin que d'une vous puissiez conduire le renne, et de l'autre vous soutenir lorsque vous êtes en danger de tomber. Il faut tenir son corps dans l'équilibre; ce qui fait qu'à moins d'être accoutumé à cette manière de courir, on est souvent en danger de la vie, et principalement lorsque le traîneau descend des rochers les plus escarpés, sur lesquels vous courez d'une si horrible vitesse, qu'il est impossible de se figurer la promptitude de ce mouvement, à moins de l'avoir expérimenté. »

Le même voyageur parle aussi de ces longues planches de bois de sapin (patins), « avec lesquelles les Lapons courent d'une si extraordinaire vitesse, qu'il n'est point d'animal, si prompt qu'il puisse être, qu'ils n'attrapent facilement, lorsque la neige est assez dure pour les soutenir ».

« Ces planches extrêmement épaisses, » dit-il, « sont de la longueur de deux aunes et larges d'un demi-pied; elles sont relevées en pointes sur le devant, et percées au milieu dans l'épaisseur, qui est assez considérable en cet endroit pour pouvoir y passer un cuir qui tient les pieds fermes et immobiles. Le Lapon qui est dessus tient un long bâton à la main, où, d'un côté, est attaché un rond de bois, afin qu'il n'entre pas dans la neige, et de l'autre un fer pointu. Il se sert de ce bâton pour se donner le premier mouvement, pour se soutenir en courant, pour se conduire dans sa course, et pour s'arrêter quand il veut; c'est aussi avec cette arme qu'il perce les bêtes qu'il poursuit lorsqu'il en est assez près.

« Les femmes ne sont pas moins adroites que les hommes à se servir de ces planches. Elles vont visiter leurs parents et entreprennent de cette manière les voyages les plus difficiles et les plus longs. »

Le professeur Nilsson croit que la race naine à tête ronde, — dont nous entretenons présentement nos lecteurs, — était, à l'âge de la pierre taillée, plus largement répandue dans le pays qu'elle habite qu'elle ne l'est

Fig. 57. — Répression d'une émeute.

aujourd'hui; ce qui ne détruit pas l'opinion que les premiers habitants de la Scandinavie appartenaient à une race à tête longue semblable à la race germano-gothique occupant actuellement la péninsule.

Nous avons dit que la plupart des Lapons sont chrétiens; ceux qui sont demeurés païens se livrent à des pratiques mystérieuses. Quelle est leur croyance? Parmi les dieux primitifs des Lapons, Jean Scheffer mentionne le dieu Hysé, dont la fonction est de commander aux ours et aux loups; le même auteur, dans son chapitre des « Cérémonies magiques et de la magie des Lapons », fait figurer l'ours, que les Lapons appellent le seigneur des forêts, sur le tambour magique, en compagnie de Thor, du Christ, du soleil et du serpent, — dieux en ce pays-là, — et de quelques autres animaux, par exemple le loup et le renne. Mais cette existence d'un culte des animaux chez les Lapons n'est nullement prouvée.

En parlant des Samoyèdes, nous avons encore à présenter à nos lecteurs un peuple d'une taille au-dessous de la moyenne. Ces nomades, riverains de la mer de Kara, sont gros et trapus. Leur teint est d'un jaune brun, leur visage large, avec des yeux petits, un peu obliques, des pommettes saillantes, un nez déprimé, la bouche grande et des lèvres relevées; peu de barbe. Leur tête est rasée, sauf le sommet où ils laissent pousser une touffe de cheveux. Les femmes ont parfois dans leur jeunesse une physionomie avenante; leurs cheveux, portés longs, forment deux tresses, qu'elles laissent tomber sur les épaules.

Chez les Samoyèdes, hommes et femmes s'habillent de robes de peaux de renne et de culottes de peau. Les femmes vont la tête et le visage découverts; elles portent à leurs oreilles des pendants de corail; leurs robes, ouvertes par devant, sont fixées à la taille au moyen d'une ceinture; elles n'enlèvent point leurs vêtements pour se coucher.

Un mot des habitations : ce sont des tentes en peau de renne, semblables pour la forme à celles des Lapons.

Fig. 58. — Un campement de Samoyèdes.

Les Samoyèdes vivent du produit de leur pêche et de leur chasse, s'accommodent fort bien des baleines mortes qui viennent échouer sur leurs rivages, et ont un goût très prononcé pour les liqueurs fortes.

Ils se servent de traîneaux longs et légers, attelés de rennes ou de chiens. Ils possèdent des troupeaux de rennes assez nombreux. Après un naufrage mémorable, le lieutenant Krusenstern et ses compagnons d'infortune, abordant aux rives de la mer de Kara sur un glaçon, furent secourus par un Samoyède, qui était propriétaire de plus de mille de ces animaux.

Chez ce peuple, la femme occupe une très humble condition : elle est la servante de son mari, ne mange pas avec lui, et doit se contenter de ses restes. On devine que tous les gros ouvrages de la « maison » lui incombent; bien plus, elle monte et démonte la tente, charge les traîneaux, transporte les fardeaux les plus lourds.

Et cependant le christianisme est allé jusque dans ces hautes régions; mais la généralité des Samoyèdes est encore idolâtre. Ils ont des fétiches dans leurs habitations; ils adorent le soleil, la lune, l'eau et les arbres. Ils se rendent volontiers comme en pèlerinage dans l'île de Vaïgatch pour obéir à leurs *chamans* ou sorciers; enfin, ils font des sacrifices de rennes, en observant certaines pratiques païennes.

L'extrême nord de la Sibérie est habité par les Yakoutes, les Tongouses, les Youkaguires, les Tchouktchas et quelques autres peuplades moins importantes.

Le Yakoutes de la péninsule de Taïmour, et ceux qui sont établis entre la Khatanga et la Kolima, appartiennent à une importante tribu, dont font partie les Yakoutes, plus stables, des environs de Yakoutsk. Les uns et les autres ont une même langue, une même manière de construire leurs habitations, les mêmes usages. L'élève du bétail est leur principale occupation; la pêche et la chasse n'ont pour eux qu'un intérêt secondaire. La pêche a lieu en automne. Au commencement de l'hiver, les chasseurs yakoutes montent à cheval et s'enfoncent dans de profondes forêts pour y poursuivre la zibeline et le renard, dont les peaux doivent leur servir à payer le tribut et à se procurer, par voie d'échange, quelques-unes des choses qui leur manquent. Ils font leur boisson habituelle de ce lait fermenté de jument qu'on appelle *koumis*.

Ce sont des gens qui mènent, impunément en quelque sorte, une très rude vie. Ainsi, quand un Yakoute s'arrête au milieu des déplacements de sa vie nomade, il a une manière de bivouaquer qui n'appartient qu'à lui. Il lui suffit d'étendre sur la neige la couverture de son cheval, de placer sa selle de bois à l'un des bouts en guise d'oreiller; puis, après avoir ôté sa légère pelisse (*sanayak*), il se couche et l'étend sur lui un moment, de manière à se couvrir les reins et les épaules, tandis que le restant du corps demeure à peu près à découvert. Lorsqu'il s'est un peu réchauffé par ce moyen, notre homme ramène sa pelisse sur son visage et s'endort bientôt du plus profond sommeil par un froid de 20 ou 30 degrés. Quelquefois le *sanayak* glisse des épaules et une épaisse couche de givre s'étend sur le corps du dormeur, sans que son sommeil en paraisse troublé, sans que sa constitution en soit ébranlée.

Ces hommes des steppes glacées, des *toundras* marécageuses et froides, des forêts profondes, supportent aussi la faim à un degré incroyable. Et ils méritent pleinement ce surnom d'*hommes de fer*, qui leur est donné dans toute la Sibérie.

Les Yakoutes s'abandonnent volontiers à quelques raffinements gastronomiques. C'est ainsi qu'ils considèrent comme des mets délicats la cervelle de renne gelée, les langues du même animal fumées, la moelle de renne qu'ils mangent crue; ils préparent la *strouganina*, pois-

Fig. 59. — A travers la toundra.

son gelé que l'on sert cru, avant qu'il ait eu le temps de dégeler; ils font des flans avec du caviar rouge, des conserves de petits fruits sauvages, qui n'arrivent pas chaque année à maturité. Leur beurre sans sel a une réputation : on le présente gelé et haché; les Yakoutes n'aiment pas le sel et n'en font point usage dans leur nourriture; mais ils ont une véritable passion pour le thé, le tabac et l'eau-de-vie.

Industrieux, actifs, les Yakoutes parviennent à élever

de nombreux troupeaux de chevaux dans un climat pour lequel le cheval n'a pas été créé.

Ils sont chrétiens, et le chamanisme n'a plus de crédit dans leur esprit. Cependant, il existait chez eux, il n'y a pas bien longtemps encore, une coutume barbare, celle d'exposer les nouveau-nés, en les suspendant le long des chemins aux branches des arbres. Un enfant ainsi exposé était voué à une mort certaine, à moins qu'un passant charitable ne l'enlevât et ne se chargeât de lui. Espérons que les Yakoutes, tout en améliorant leur industrie chevaline, dédaignent moins, aujourd'hui, l'art d'élever leurs enfants.

Les Tongouses sont de race mongole. La grande majorité de leur peuplade appartient aux pays de l'Amour. On les retrouve en assez grand nombre vers l'embouchure de la Kolima. Il y en a aussi sur les rives de l'Aniouy et de l'Alazéya et à l'embouchure de l'Omolone.

Ces Sibériens sont très pacifiques. L'hiver, chaque famille se rassemble dans quelque hutte, autour du foyer, d'où s'élève une flamme pétillante. Quant à la hutte, c'est à peine si elle serait éclairée par le petit lampion de suif qui brûle dans un coin. Une clarté blafarde apparaît à travers la plaque de glace qui obstrue l'étroite fenêtre; au-dessus du toit plat, montent des colonnes de fumée, déversant aux alentours des flots d'étincelles. Contre les murs, pelotonnés dans la neige, les chiens, quatre fois par jour, et plus souvent quand il fait clair de lune, interrompent le silence profond par d'affreux hurlements, et ces hurlements sont répétés de hutte en hutte, comme chez nous le chant des coqs de ferme en ferme.

La nourriture des Tongouses est composée de la viande

des rennes et de quelques autres ruminants qu'ils tuent à la chasse, et de nombreux oiseaux de passage qu'ils abattent; mais c'est surtout le poisson qui constitue leur principale ressource. Les poissons abondent dans les rivières du pays. Séchés ou fumés, ils sont mis en réserve pour l'hiver; les plus communs de qualité sont destinés à l'alimentation des chiens de trait.

Ces peuples du nord de la Sibérie possèdent, comme les Esquimaux, des chiens pour les attelages de leurs

Fig. 60. — Une hutte de Tongouses.

traîneaux ou *nartas*. Ces animaux leur sont de la plus grande utilité. Dans la traversée d'une *toundra*, par une nuit noire, au milieu d'un épais brouillard, ou encore lorsque le voyageur, surpris par un chasse-neige, est exposé au danger d'être gelé ou enterré sous la neige, et qu'il chercherait en vain à découvrir une de ces huttes placées de loin en loin sur les routes et destinées à servir de refuge, c'est le chien placé en tête de l'attelage du traîneau qui sait se diriger vers le lieu où se trouve l'une de ces huttes, qu'il n'a visitée peut-être qu'une seule fois : dans de telles extrémités, il arrache le voyageur à une mort certaine.

Le long des fleuves de la Sibérie, les chiens sont aussi employés pour haler les bateaux qui remontent le courant. Lorsqu'un obstacle se rencontre, l'attelage, sur un signe du batelier, passe aussitôt le cours d'eau à la nage, se remet en ordre sur l'autre rive et reprend son travail de halage.

Les Tongouses professent encore des cultes idolâtres. C'est ici le lieu de dire que le chamanisme n'est l'œuvre d'aucun homme, mais le produit de la nature déserte et sauvage de la contrée où il exerce sa puissance. On conçoit, en effet, que l'imagination s'exalte et que la raison s'égare même, là où l'œil n'a à contempler qu'un sol mort et glacé, sur lequel une nuit de plusieurs mois étend ses ombres.

Le printemps est une rude saison à passer pour les riverains de la Kolima et de ses affluents. Fréquemment, le produit des chasses d'été et des pêches d'automne a été épuisé durant l'hiver. La famine, sous l'aspect le plus hideux, atteint les malheureux habitants de ces affreux pays. On voit des troupes de Tongouses et de Youkaguires, l'œil hagard, la face livide, se diriger du côté des villages russes pour y mendier des secours. Les ressources qu'offrent ces petites localités, sont, hélas! bien vite épuisées.

Les Youkaguires des rives de l'Aniouy et de l'Alazéya, diffèrent peu, par leur genre de vie, des Tongouses et même des Yakoutes. Riches autrefois en nombreux troupeaux de rennes, ils vivaient en nomades. Le nombre d'entre eux qui en possède encore erre actuellement dans les marais glacés qui avoisinent la mer; mais la majeure partie de cette peuplade s'est fixée au bord des rivières, où elle trouve plus facilement à subsister.

Nous nommerons pour mémoire les rares Tchouvanetz, établis sur les rives de l'Omolone et de l'Aniouy.

Des Cosaques et des Russes, qui sont des descendants de condamnés à la déportation, ou de Cosaques de *l'ostrog* d'Anadirsk refoulés par les Tchouktchas, se mêlent et vivent en bonne harmonie avec les Yakoutes et les Youkaguires.

Les habitants de la péninsule qui termine à l'est le continent asiatique vont, à leur tour, poser devant nous.

Fig. 61. — Chien en tenue de campagne.

Les Tchouktchas sont arrivés d'hier seulement à la « notoriété publique », grâce au voyage d'exploration de l'expédition suédoise, commandée par Nordenskiöld. Wrangel tenta jadis de nous les faire connaître, mais son livre n'est pas tombé entre toutes les mains. Il fallait le concours des circonstances mémorables qui ont signalé le voyage de Nordenskiöld, et cette découverte du passage nord-est qui a eu un retentissement si grand, pour attirer l'attention vers ce peuple sauvage de l'extrême Asie, dont le nom même est si difficile à prononcer pour nous, qu'on n'y parvient qu'après s'y être exercé.

La *Véga* avait dépassé le cap Chelagsk, lorsqu'on vit,

de son bord, se détacher de terre deux de ces légères embarcations construites avec des peaux, comme les Esquimaux en possèdent; elles étaient montées par des indigènes, hommes, femmes et enfants, et se dirigeaient vers le navire. Bientôt ils furent à bord.

Ces indigènes si empressés, si curieux, ne savaient pas un mot de russe, encore moins, comme on peut le croire, de suédois. Il fut impossible de tirer d'eux aucune information; pourtant, un enfant put compter en anglais jusqu'à dix, ce qui permit de supposer que les baleiniers américains doivent s'avancer jusqu'en ces parages dans la saison de la grande pêche.

Les visiteurs de Nordenskiöld étaient des Tchouktchas.

Sur la côte sibérienne (du cap Chelagsk au détroit de Behring) apparaissent, de distance en distance, des villages, composés chacun de quelques tentes. On peut compter parfois une douzaine de tentes et même davantage (chaque tente est habitée par cinq ou six personnes). Nordenskiöld estime à 200 indigènes environ la population avoisinant la station d'hiver qu'il dut choisir près du détroit.

Soumis nominalement à la Russie, les Tchouktchas vivent à peu près en nomades, errant à travers les vastes plaines marécageuses et glacées, au bord de la mer, ou sur de hauts rochers et des montagnes escarpées. Ce sont, surtout, ces montagnes inaccessibles qui leur ont servi de refuge contre les conquérants de la Sibérie. Les Tchouktchas possesseurs de rennes sont encore plus nomades, s'il se peut, que ceux qui vivent au bord de la mer du produit de la pêche.

Ce peuple, établi comme on l'a remarqué, sur le chemin existant de toute antiquité entre le continent asiatique et le Nouveau Monde, offre, à ne pouvoir s'y tromper, le type des Mongols de l'ancien monde, associé avec celui des Esquimaux et des Indiens de l'Amérique.

Les Tchouktchas sont des hommes d'une petite race, aux cheveux noirs, à l'œil perçant, au teint jaune-brun; leur caractère est doux; ils ont beaucoup de tendresse pour leurs enfants.

Il convient de rapprocher de cette appréciation favo-

Fig. 62. — Intérieur d'une habitation russe de la région polaire.

rable ce qu'a écrit Matiouchkine, l'un des lieutenants de Wrangel.

« Le caractère des Tchouktchas est empreint d'un cachet de cruauté révoltant : ainsi, par exemple, la mort attend l'enfant qui a eu le malheur de naître avec quelque difformité; il en est de même des vieillards que les infirmités de l'âge ont affaiblis, ou qui ne sont plus en état de supporter les fatigues de la vie nomade; on les égorge sans pitié! Et ces coutumes révoltantes font tellement partie des mœurs de la peuplade, que ce sont souvent les vieillards eux-mêmes qui, avec un stoïcisme surprenant, demandent à leurs enfants de mettre un terme à une existence qui est devenue un fardeau pour eux. »

Quoi qu'il en soit, Nordenskiöld et ses officiers ont trouvé les habitants de la péninsule tchouktche fort sociables. On peut croire, d'après la relation de Wrangel, qu'il y a aussi des tribus de ce peuple qui vivent en fort mauvaise intelligence avec leurs voisins, à qui ils inspirent une véritable terreur... à moins que le caractère des Tchouktchas ne se soit, depuis une soixantaine d'années, considérablement adouci, ce qui n'est guère admissible. Ils se montraient jadis extrêmement jaloux de leur indépendance et voyaient avec déplaisir le moindre indice d'une domination future.

Ils s'habillent des peaux de leurs rennes, à peu près comme les Lapons. Par les temps de pluie ou de neige, ils passent par-dessus la tunique une chemise de peaux d'intestins, et, quelquefois, une chemise de coton nommée par eux *calicot*. Des bonnets ornés de perles, des capuchons de peau pour l'hiver, telles sont les coiffures. Les femmes cousent leurs tuniques par le bas, dans le milieu, de manière à former de larges pantalons. Elles portent les cheveux longs, divisés par une raie et tressés. Pour se parer, elles mêlent à ces cheveux, ruisselants de graisse, des perles de verroterie. Les hommes se coupent les cheveux ras, excepté sur le bord extrême de la chevelure, où on laisse, tout autour de la tête, une sorte de couronne. Les femmes croient se rendre belles en se tatouant : elles se font deux raies noires de chaque côté du visage, de l'œil au menton, et quelques autres enjolivements analogues sur les joues.

Les demeures des Tchouktchas sont assez artistement édifiées en bois de mélèze flotté. Ceux qui sont nomades donnent à leurs tentes des proportions spacieuses; ils les recouvrent de peaux de renne. A l'intérieur de ces tentes, se trouve une tente plus petite, de forme cubique, qui sert de réduit, d'alcôve; elle est chaudement entourée de

Fig. 63. — Tchouktchas édifiant leur hutte.

peaux, éclairée et chauffée par une lampe alimentée d'huile de poisson. Cette lampe donne une chaleur si grande que hommes et femmes quittent leurs vêtements, à l'exception de leurs pantalons; ils sont là, le buste nu comme des ouvriers boulangers prêts à attaquer la pâte. Ces intérieurs sont d'une malpropreté révoltante. Les indigènes y vivent au milieu d'odeurs qui mettent en fuite leurs hôtes européens. Un espace libre est laissé au sommet des tentes pour laisser passer la fumée du foyer, que l'on entretient, l'été seulement, dans la tente « extérieure ».

Les Tchouktchas se servent d'outils de pierre et d'os. Les dents de morse en particulier leur fournissent une matière propre à remplacer au besoin le fer dans la confection des pointes de lance, des têtes de flèche, des hameçons, des hachettes à glace, et de divers outils.

Deux officiers de la *Véga* allèrent visiter un campement de Tchouktchas nomades, et constatèrent qu'il différait peu de ceux des indigènes qui venaient journellement à bord du baleinier : mêmes outils, mêmes costumes, — avec un peu plus de luxe peut-être, — même coquetterie mal entendue.

Leurs couteaux, leurs haches, leurs vrilles de fer ou d'acier étaient évidemment de provenance américaine ou russe. Leurs ustensiles se composaient de quelques cafetières en cuivre, d'un gobelet en alfénide portant une inscription anglaise, de deux tasses à thé avec leurs soucoupes, de grands plats en bois et de boisseaux également en bois.

Le costume des Tchouktchas « à rennes » est identique à celui des Tchouktchas de la côte, avec cette différence qu'ils n'y emploient que des peaux de renne, tandis que les autres utilisent aussi les peaux de veau marin. Quelques-uns de ces nomades, à l'arrivée des officiers, endossèrent des blouses d'étoffes de couleurs voyantes, probablement de fabrication russe. Parmi leurs parures, il faut signaler des perles de verre enfilées à des nerfs et portées principalement par les femmes comme pendants d'oreilles et colliers.

Le beau sexe avait le visage tatoué, ainsi que chez les

dames des villages voisins de la mer. Une matrone avait ajouté aux lignes noires des joues diverses lignes sur les épaules; une autre en avait sur les mains. Les hommes semblaient dédaigner ce genre d'ornement. Les officiers en virent deux qui portaient suspendues à leur cou « des croix avec inscriptions slavonnes », d'autres des morceaux de bois à deux branches, peut-être des amulettes.

Fig. 64. — Station de Cosaques, en Sibérie.

L'un de ces officiers eut occasion de voir danser quelques fillettes. Voici en quoi consiste ce divertissement : deux jeunes filles se placent en face l'une de l'autre; la main posée sur l'épaule de sa compagne, chacune d'elles se balance à tour de rôle, sautant de temps à autre à pieds joints en exécutant une pirouette, le tout en chantant, — en grognant, dit le lieutenant Nordqvist, qui n'est point galant, — l'air qui marque la mesure.

Ces sauvages, surtout ceux qui ne possèdent pas de rennes, vivent principalement de la pêche du veau marin, du morse, de la baleine. Quand le phoque « donne », ils se mettent à festiner sans mesure, et en peu de temps on leur voit prendre un embonpoint qu'ils perdent à la première disette de vivres. Et ces disettes sont fréquentes. Le renne tué à la chasse entre aussi dans leur nourriture habituelle : les matières vertes de l'estomac du renne sont considérées comme un aliment délicat; on en fait des provisions pour l'hiver, comme chez nous on fait des conserves d'épinards et d'oseille. Ils confectionnent une sorte de choucroute avec des feuilles de saule fermentées.

Une femme qui se pique d'être ménagère sait donner à la graisse de renne un degré d'âcreté qui plaît aux gastronomes. La graisse de baleine rance est également très appréciée par eux.

L'huile de phoque qu'ils ingurgitent leur est d'un grand secours pour braver les basses températures. Les hommes et même les femmes fument beaucoup ; des tabacs indigènes suppléent au besoin au véritable tabac. La saveur brûlante de l'eau-de-vie leur semble une chose exquise.

Les Tchouktchas ont des traîneaux à chiens fort utiles pour leurs courses à travers le pays. Actifs et fins, ils se font les courtiers du commerce d'échange qui a lieu entre l'Amérique et la Sibérie à travers le détroit. A cet effet se tient une espèce de foire sur l'île d'Illir, dans le détroit de Behring.

Intrépides marins, les Tchouktchas entreprennent la traversée du détroit dans de méchants bateaux plats, faits de bois et de cuir; l'eau y pénètre de toutes parts. C'est ainsi qu'ils abordent aux Iles-aux-Épices et se rendent de là en Amérique. Ils y vont en grand nombre et en rapportent des pelleteries et des dents de morse. Puis ils s'acheminent, avec leurs femmes et leurs enfants, leurs troupeaux de rennes, leurs armes et même leurs demeures portatives, vers les endroits où se tiennent les foires : Anadirsk, Ostrovnoyé. Là, en échange de leurs marchandises, — peaux de renards noirs et bruns, d'isatis, de martres, de loutres, de castors, d'ours, dents et courroies de peau de morse, vêtements en peau de renne, côtes de baleine (dont on se sert pour garnir les patins des traîneaux), — ils reçoivent du tabac, du fer, des ustensiles de ménage, des outils, des perles de verroterie, du thé, du sucre, et des tissus de diverses espèces.

Nous trouvons, dans un ouvrage intitulé *le Nord de la Sibérie*, le tableau animé d'une de ces foires :

« La cloche sonne enfin, » dit l'écrivain russe, « et cette foule confuse, où tous les âges se trouvent réunis, se précipite comme un torrent débordé vers le demi-cercle où les Tchouktchas attendent les acheteurs auprès de leurs traîneaux. Chacun se hâte, car il craindrait d'être devancé et de manquer une bonne affaire. Rien de plus curieux que la pétulance des marchands russes, portant suspendus à leur ceinture des haches, des couteaux, des pipes, des rassades, etc., soutenant d'une main un lourd paquet de tabac et de l'autre un assortiment de chaudrons en fer! Ainsi affublés, on les voit se démener, courir d'un traîneau à un autre, et faire force salutations à droite et à gauche pour attirer l'attention et capter la bienveillance des acheteurs, en ayant soin de vanter leurs marchandises, qu'ils dépeignent comme les plus belles du monde. Le bruit, les cris et l'agitation de cette foule pressée, enchevêtrée, passent toute idée; c'est une véritable fourmilière. Parfois il vous arrive d'apercevoir un homme qui, à force de se démener pour percer la cohue, glisse sur la neige et tombe, sans que l'élan de ceux qui le suivent se trouve ralenti; on lui a passé sur le corps, il a perdu ses gants et son bonnet : n'importe, notre malencontreux vendeur se relève en un clin d'œil, et, tête et mains nues, par 30 degrés de froid, il se précipite de nouveau à l'assaut, en redoublant de vitesse, pour compenser le temps perdu.

« Cette excessive agitation, qui distingue les Russes réunis à la foire, forme un bizarre contraste avec l'impassibilité flegmatique des Tchouktchas, qui, le corps appuyé sur leurs lances, auprès de leurs traîneaux, ne disent mot à tant de discours, et se contentent de faire un simple signe pour annoncer que le marché qu'on leur a proposé est accepté. On conçoit que le sang-froid, dans de pareilles transactions, leur donne de grands avantages sur les Russes.

« Les Tchouktchas ont une facilité merveilleuse à reconnaître le poids d'un objet, sans se servir de balances; j'en ai vu quelques-uns deviner que, sur une pesée de 100 livres, il en manquait une. »

La langue parlée dans la péninsule tchouktche est, selon Wrangel, un amalgame de sons gutturaux et nasillards tellement étranges qu'il ne peut les comparer qu'au cri de l'oie, au râlement du renne et à l'aboiement du chien. Voilà qui est de nature à dérouter les linguistes, mais quiconque a une oreille comprendra les insinuations de l'explorateur russe.

Un assez grand nombre de Tchouktchas ont reçu le baptême, mais ne sont chrétiens que de nom. La plupart des convertis ne promettent de renoncer aux pratiques du chamanisme que par des motifs d'intérêt : il suffit, pour les décider à se faire baptiser, de leur offrir quelques livres de tabac ou quelques menus objets d'utilité. Wrangel raconte une anecdote à ce sujet. « Je fus témoin, pendant mon séjour à Ostrovnoyé, » dit-il, « d'une conversion de ce genre. Le néophyte était un jeune Tchouktcha qui, moyennant de petits cadeaux, se décida à recevoir le baptême; mais comme il n'avait aucune idée de cette cérémonie, son maintien, dans la chapelle, ne fut convenable que jusqu'à l'instant où l'officiant lui fit signe de se plonger dans l'eau à trois reprises. (On sait que l'Église grecque a conservé le baptême par immersion.) On eut beaucoup de peine à le décider à s'y plonger une fois; mais ce fut la seule, car, trouvant sans doute que l'eau était trop froide pour recommencer, il en sortit précipitamment et se mit à courir comme un fou devant la foule scandalisée en criant à tue-tête : « Que l'on me donne le tabac qui m'a été promis! » Il fut impossible de le ramener à la raison, et le prêtre dut enfin se retirer, sans achever la cérémonie du baptême. »

Même baptisés, ces sauvages ne renoncent pas pour cela à la polygamie.

Passons le détroit de Behring.

L'Alaska (ancienne Amérique russe) est habité par diverses peuplades, dont les mœurs sont des plus curieuses à observer. Mais nous n'avons à nous occuper présentement que des populations qui vivent au nord du cercle polaire.

Il y a là les Loucheux ou Sastués, qui appartiennent

à la tribu des Dindjiés ; ils séjournent près de l'embouchure du Mackensie et dans le voisinage du lac du Grand Ours. Ce sont des hommes d'une taille médiocre, d'une constitution assez robuste; dans leur regard oblique il y a « quelque chose de doux et de sinistre tout à la fois », suivant l'expression d'un missionnaire. Comme tous les indigènes de ces hautes latitudes, ils font leur principale nourriture des cétacés et des amphibies que recèle l'océan Glacial. Leur passion dominante est le tabac.

Très hautains, très orgueilleux, vindicatifs à l'excès, les Loucheux sont la terreur des Esquimaux, avec lesquels ils vivent à couteaux tirés, exerçant les uns contre les autres les plus cruelles représailles. Il n'est pas rare qu'un groupe d'Esquimaux, ayant quitté leur campement pour une expédition lointaine de pêche ou de chasse, retrouvent, en revenant, leurs pauvres huttes pillées, leurs femmes éventrées, leurs enfants égorgés, car c'est la manière de guerroyer de ces peuples sauvages.

On peut croire qu'en pareil cas les offensés ne tardent pas à venir réclamer à leurs insociables voisins la dette de sang, et qu'il se prépare une nouvelle hécatombe d'innocentes victimes.

## IV.

La chasse et la pêche. — L'ours. — Les renards. — Le renard bleu ou isatis. — Les trappeurs du nord de la Sibérie. — Le renne. — L'élan. — Les oiseaux de passage. — La pêche de la baleine. — Le morse. — Le phoque. — Les grands poissons des fleuves sibériens.

Dans la région dont nous faisons le tableau, la chasse et la pêche constituent le principal moyen d'existence des habitants. Aucune culture n'étant possible, le bois manquant même en bien des endroits pour se chauffer, enfin aucune industrie ne pouvant mettre en œuvre ces produits que donne la terre dans tous les pays, les hommes qui vivent sous ces rudes climats demandent tout au règne animal : la chair des bêtes pour se nourrir, leurs peaux et leurs fourrures pour se vêtir, l'huile des poissons pour s'éclairer et se chauffer.

En outre, dans quelques parties des régions polaires où le contact avec l'homme « civilisé » est possible, les pelleteries deviennent une monnaie, grâce à laquelle les indigènes peuvent se procurer quelques petites douceurs au milieu de leur vie toute de privations, — le tabac et l'eau-de-vie surtout.

Quant à ces chasseurs, ils sont puissamment stimulés par les agents des compagnies qui exploitent les pays de fourrures, ou même les particuliers qui se livrent en grand au même commerce : les commis de la Compagnie de la baie d'Hudson, aussi bien que les *promichlénicks* ou trappeurs de la Sibérie.

On connaîtrait mal la nature humaine si l'on ne tenait compte également de cette satisfaction passionnée que procure le plaisir de traquer, de poursuivre, de tuer le gibier, et qui est un des rares divertissements, après la guerre, de ces peuplades sauvages du nord de l'Amérique et du nord de l'Asie.

Chez nous, la grande chasse est morte, sauf en quelques contrées de l'Europe du nord, quelques coins de l'Allemagne, de la Hongrie ou de la Russie; le gibier a disparu depuis l'introduction des armes à feu; les meutes sont rares et mal dressées. Chez les Sibériens, par exemple, c'est tout autre chose : dans leur pays, on trouve encore le renne, l'élan, l'ours, le renard, et des chasseurs réellement prêts à payer de leur personne; la chasse se présente avec cette organisation savante qu'elle a pu avoir dans les forêts de l'ancienne France; là, pas de chiens mal assortis, mal accouplés, se coupant, chassant à vue, sans relais, sans retour, « obligeant leur maître, comme on l'a dit, à leur courir sus pour leur disputer la moindre proie à coups de fusil »; nul dommage non plus à causer aux terres, aux récoltes (puisqu'il n'y en a pas), aucunes lois restrictives surtout, point de gendarmes, partant point de braconniers.

Il y a encore une autre raison déterminante : c'est l'inconvénient du voisinage des bêtes qui s'attaquent à l'homme. Ainsi, l'ours n'est pas foncièrement carnassier, et, sans trop nous éloigner de nos régions glacées, il y a dans la Sibérie occidentale une espèce d'ours gris qui fait sa principale nourriture de végétaux et de poissons, et que les Ostiaks amènent au commencement de chaque hiver par troupeaux, à Bérézoff, où leur chair se vend dans les boucheries. Mais l'ours blanc, l'ours polaire, de quoi peut-il se nourrir au milieu des glaces? N'est-il pas naturel qu'il flaire de près la demeure de l'homme? Plus d'une fois un Esquimau, sortant « à quatre pattes » de son *iglou* de neige, s'est trouvé nez à nez avec un ours. qui se disposait à y entrer.

Fig. 65. — En reconnaissance.

Voilà certes un stimulant capable, à lui seul, d'expliquer l'ardeur qui pousse à la destruction de « l'ennemi », ours ou renard, dont la fourrure, à défaut de la chair, indemnisera le chasseur de ses risques et périls.

Le froid, la neige sont-ils un obstacle? Loin de là.

Avec la neige revient l'abondance dans la hutte de l'Indien du nord de l'Amérique, de l'Esquimau, du Sibérien. Le renne et le buffle musqué émigrent des terres et du littoral de l'océan polaire, ils vont du côté des bois et tombent sous les coups du chasseur. La neige permet à l'Indien d'approcher sans bruit de l'élan gigantesque, de suivre la piste de tous les animaux, de se rendre compte des gîtes des bêtes à fourrure, enfin d'aller dénicher l'ours jusque dans sa retraite. Quant au froid, il rend aussi plus d'un service ; n'est-ce pas lui qui révèle au chasseur la présence du renne, en entourant l'animal d'un brouillard produit par sa respiration ?

L'ours est le plus redoutable des « ennemis » de l'habitant des régions polaires. Aussi ne parle-t-on de lui qu'avec une crainte mêlée de respect. Les ours blancs ont quelquefois la désagréable surprise de rencontrer sur leur chemin des adversaires inattendus, les marins des deux mondes, qui s'avancent en explorateurs parmi les glaces du pôle.

On connaît ces scènes de la vie maritime dans les régions boréales, popularisées par le pinceau et la gravure : un fond d'*icebergs* menaçant ruine, prêts à crouler ; sur le premier plan, parmi les glaçons flottants, une chaloupe de baleinier, attaquée par une demi-douzaine d'ours blancs, qui s'avancent à la nage, gueule béante, allongeant un cou mince, une tête petite au front plat, avec un museau pointu, des oreilles courtes et arrondies, une moustache peu fournie, des yeux cerclés de noir et où les cils font défaut.

Deux matelots et un novice s'efforcent de les repousser ; mais les énormes bêtes cramponnées au bordage vont faire chavirer la frêle embarcation. L'instant est suprême. Un des matelots, debout à l'avant, harponne vigoureusement un de ces ours ; un autre ours a déjà enfoncé sa griffe forte et recourbée dans la jambe du second marin. Celui-ci, effrayé, se renverse pour échapper à la rude étreinte, et le novice, venant à son secours, crible de coups de couteau son agresseur, et réussit à le rejeter à l'eau par un dernier coup, enfoncé dans la gueule largement ouverte de l'horrible bête.

Mais d'autres ours font pencher l'embarcation de leur côté. A qui demeurera la victoire? Derrière les assaillants, il y en a peut-être en nombre assez grand pour épuiser les forces de ces braves marins.

Fig. 66. — Buffle musqué.

De telles scènes se renouvellent tous les jours.

Ces ours, excellents nageurs et sachant plonger au besoin, vont parfois en bandes. Ceux des côtes du Groënland rappelaient à Scoresby des troupeaux de moutons. Il en vit une fois une centaine, dont vingt purent être tués. Ils se réunissent, au Spitzberg, sur les banquises, et les glaçons en dérive les amènent sur les côtes d'Islande. Si le littoral de la Norvège n'était baigné par un courant chaud qui désagrège les glaces, on verrait arriver les ours en Laponie et dans le Nordland.

La Nouvelle-Zemble est une de leurs terres d'adoption; on les rencontre aussi dans l'archipel de Liakoff et sur la partie du continent asiatique baignée par l'océan Glacial.

En Amérique, l'ours blanc fréquente les terres septentrionales, où il a le moins à redouter l'hostilité de l'homme. L'Esquimau n'est ni bien grand ni bien redoutable : il suffit encore à refouler ce carnassier vers les parages inhabités.

A la nage, l'ours blanc peut soutenir longtemps une extrême vitesse : il a tant de graisse que son poids est à peu près celui de l'eau. Les poissons, et, parmi les hôtes de la mer, la baleine et le phoque, forment sa principale nourriture. Quelque défiant que soit le phoque, l'ours parvient encore à le surprendre à force de ruse. Ainsi les phoques, après avoir pratiqué une ouverture dans la glace, viennent y respirer, ne mettant hors du trou que leur tête. L'ours l'aperçoit à demi endormi. Il se glisse sous la surface solide, nageant sans bruit entre la glace et l'eau, et saisit l'amphibie par les parties inférieures du corps. Si le phoque est tout entier sur la glace, il voit soudain apparaître par son trou un ennemi, qui lui coupe toute retraite.

L'ours n'attaque les animaux terrestres que lorsque toute autre nourriture lui manque. Sur les côtes habitées, on craint son arrivée pour les rennes domestiques. Quant aux renards, aux lemmings, ils ont tout à redouter de son voisinage. L'ours détruit aussi les œufs des oiseaux de grosse espèce dont il peut atteindre les nids.

La chasse à l'ours offre maints périls. Il est nécessaire que plusieurs chasseurs se réunissent, afin de se porter

Fig. 67. — Chaloupe attaquée par des ours blancs.

mutuellement secours. Plus d'une fois, on a vu un ours, même blessé, enlever l'un des chasseurs qui le poursuivait et l'emporter au loin pour le dévorer. Un capitaine de navire qui donnait la chasse, dans un canot bien monté, à un ours blessé fuyant à la nage, fut arraché du

Fig. 68. — Rencontre d'un ours pendant le jour crepusculaire.

milieu de ses compagnons au moment où il ramenait à lui, pour la troisième fois, la lance dont il avait frappé l'ours en pleine poitrine; il fallut les efforts de tous ceux qui l'entouraient pour le sauver d'une horrible mort.

Des matelots dirigeant la chaloupe d'un baleinier firent feu sur un ours blanc, en vue sur un glaçon flottant. Une balle atteignit l'ours; mais la bête, résolue à tenir tête à ses adversaires, se jeta à l'eau et vint furieusement assaillir le canot. D'un coup de hache, un matelot lui fit sauter une patte; après quoi, faisant force de rames, les canotiers se dirigèrent vers leur navire. Eh bien, l'ours, tout mutilé qu'il était ne renonça pas à la lutte : malgré les cris poussés par les matelots pour l'effrayer, et bien qu'il dût être affaibli par le sang qu'il perdait, il poursuivit le canot jusqu'au baleinier et, aussi lestement que les matelots effarés, il grimpa sur le pont, où il fallut les efforts réunis de plusieurs hommes pour l'achever.

Suivons des chasseurs d'ours au milieu de ce crépuscule polaire qui dure près de deux mois.

Il s'agit pour eux de découvrir la retraite de la bête. Ils s'avancent, précédés de leurs chiens du pays, que l'ours blanc paraît craindre plus qu'il ne craint l'homme.

Ces chiens soupçonnent la présence des ours à travers une épaisse couche de neige et se mettent à gratter furieusement à l'endroit où l'animal a pris ses quartiers d'hiver, et où il est plongé dans une douce léthargie, se nourrissant en quelque sorte de la graisse qui le recouvre au commencement de la mauvaise saison.

D'autres fois, les Esquimaux reconnaissent le gîte du *grand-père* à une légère couche de givre, qui s'amasse au-dessus d'un trou de cheminée, formé par la chaleur de l'ours à la voûte de la cavité où il s'est réfugié.

Quand les chasseurs peuvent s'assurer de la position exacte du corps, ils brisent la glace et attaquent vigoureusement l'animal.

Lorsque la configuration du terrain le permet, les chasseurs creusent un tunnel dans la neige et, arrivés près de l'ours, ils lui passent au cou ou à l'une des pattes un nœud coulant et le traînent ainsi dehors, à moitié mort déjà et facile à achever.

Il n'est pas toujours aussi aisé de venir à bout de l'ours blanc. Ce carnassier, ignorant le danger, vient d'un pas délibéré attaquer seul une troupe de marins bien armés. Il n'aperçoit aucun obstacle dans l'assouvissement de sa férocité. On l'a vu s'élancer à la nage et aller à l'abordage d'une chaloupe, d'un vaisseau même. S'il est blessé, il fuit tout étonné, à moins qu'il n'ait des petits à défendre.

Fig. 60. — Chasse à l'ours sur l'eau.

Mais tous les voyageurs s'accordent à dire que l'ours blanc est un voisin dangereux par ses surprises.

Et tandis que les chasseurs cheminent à travers les blocs de glace, le doigt sur la gâchette de leur fusil, le plus expérimenté de la troupe, un vieux pionnier des régions arctiques, raconte à ses compagnons les nombreux traits de mœurs plus ou moins exactement observés, mis en circulation sur l'ours blanc par les marins qui ont vécu dans son voisinage.

Le narrateur assure que lorsque, en septembre, la mer commence à se solidifier, la femelle tue une grande quantité de phoques qu'elle approvisionne dans une « cache ». Après cela, elle s'achemine vers les terres à la recherche de lichens pour s'en gorger et créer grâce à ce moyen une sorte d'obstruction mécanique. Ces préparatifs étant achevés, l'ourse revient du côté où se trouve son dépôt de vivres et se bourre de lard de phoque jusqu'aux dernières limites d'expansion de son estomac. Elle se trouve alors en état d'hiverner, en s'enfermant dans le trou qu'elle s'est creusé sur le flanc d'un glacier ou dans un amas de neige.

C'est dans cette retraite que la femelle de l'ours met bas un, deux et parfois trois petits. Elle allaite sa progéniture, attendant la saison où, de leur côté, les phoques commencent à mettre bas. Alors l'ourse quitte son trou, suivie de ses petits. Grâce à son odorat, elle découvre l'endroit où le pauvre amphibie élève sa jeune famille.

Quand l'ourse a reconnu l'*iglou* du phoque, semblable par sa forme arrondie et la neige dont il est formé à l'*iglou* de l'Esquimau, elle prend son élan pour se jeter sur le sommet de la frêle construction. L'*iglou*, enfoncé sous le poids de l'énorme bête, livre les jeunes phoques qu'il abritait et qui deviennent en un instant la pâture des jeunes oursons.

Mais ce sont là des récits de chasseurs beaucoup trop ingénieux pour être de tous points exacts; c'est ce qu'on pourrait appeler la légende de l'ours blanc, racontée en plein air par un froid de 30 ou 40 degrés au-dessous de zéro.

Un autre marin de la troupe a entendu raconter, lui,

Fig. 70. — Morses et ours blancs.

l'aventure tragi-comique d'un matelot de l'équipage du capitaine Munroë. Il brûle de la rapporter.

C'était dans les parages du Groënland ; un ours guettait des phoques à travers des trous pratiqués par lui-même dans la glace ; Tom Smith ou Joe Butler, — n'importe le nom du marin, — a puisé, ce jour-là, un supplément de courage à une bouteille de vieux rhum ; il se sent capable d'entreprendre, à lui tout seul, une brillante chasse à l'ours, dont on parlera longtemps dans les veillées de quart.

Le voilà donc descendu sur la banquise, et sans autre arme qu'un harpon, s'acheminant bravement vers le plantigrade, qu'il avait aperçu de loin à l'affût.

Mais l'ours ne bougeait nullement; cela donna à réfléchir à notre chasseur; à mesure qu'il approchait de l'énorme animal, les vapeurs de rhum se dissipaient, — la témérité du brave garçon également, — et la réflexion tardive lui suggérait de bien sages projets. Ah ! si les camarades ne le suivaient pas de l'œil, s'il ne craignait pas leurs railleries au retour, comme il serait bien autrement prudent de substituer la défensive à l'offensive, et d'opérer une retraite en bon ordre ! Mieux vaut s'exposer à tout qu'à des moqueries !

Il suffit, du reste, pour que l'honneur soit sauf que la bête détale. Mais l'ours fait une autre espèce de raisonnement : il se décide à aller vers ce gibier humain, qui hésite à venir à lui. A cette vue, notre matelot sent lui-même échapper la dernière chaleur qui faisait son courage; la fuite ne lui semble plus du tout honteuse. Pourtant, il est bien tard pour s'en aviser. Déjà, la poursuite commençait.

Habitué à courir sur la neige et la glace, le carnassier

gagnait de vitesse sur le chasseur, chassé à son tour. La terreur du pauvre matelot était à son comble; le harpon qu'il portait, devenu une arme inutile, retardait sa course; il s'en débarrassa brusquement : ce fut ce qui le sauva. L'ours, curieux d'examiner cet objet, le flaire, le retourne, le mordille, sans perdre de vue toutefois le fuyard, qui mettait à profit, comme l'on pense, cet instant de répit.

Mais l'ours abandonne le harpon, et le voilà de plus belle gambadant avec des sauts énormes, le voilà de nouveau aux trousses de notre homme.

Il arrivait sur les talons du malheureux, quand celui-ci, se sentant près d'être atteint, met à profit ce qui vient de se passer sous ses yeux, et abandonne à la cruelle bête une de ses grosses mitaines. Le moyen réussit au delà de toute espérance; cet objet suffit à suspendre pendant une minute ou deux la course du redoutable animal. Joe (ou Tom) respire et retrouve quelques forces. Mais la chasse a recommencé, plus ardente. Nouvelle mitaine; même jeu de l'ours; puis c'est le tour du chapeau goudronné.

L'ours comprend enfin le stratagème qui lui est opposé et, de ses ongles et de ses dents, met promptement en pièces le fâcheux chapeau. Sa fureur semble s'en être accrue. C'en est fait, le matelot va succomber. Heureusement, du navire, des amis arrivent, et à leur tour attaquent vigoureusement l'ours qui, devant le nombre, opère une honorable retraite.

Les Esquimaux, à défaut de force, emploient la ruse; mais les hommes des pays du soleil ont d'autres armes. Les matelots d'un navire arrêté dans les glaces ont signalé, au point du jour, trois ours, se dirigeant du côté du sta-

Fig. 71. — Campement sur la Terre du roi Guillaume (Groënland).

tionnement. C'est une femelle suivie de ses deux petits. Insensibles comme leurs pareils aux froids les plus intenses, ils marchent lourdement vers un foyer à demi éteint, où se trouvent les restes d'un morse, et se jettent avidement sur cette proie.

Ils sont venus peut-être de fort loin, car l'ours a le sens de l'odorat très développé et sent à une très grande distance l'odeur d'une baleine morte ou d'un morceau de graisse jeté dans le feu.

Tandis que l'ourse procédait à la distribution des vivres, se réservant la plus petite part et donnant la plus grosse à ses petits, les matelots embusqués firent feu; les deux oursons tombent morts, mais la mère n'est pas mortellement atteinte. Elle s'abandonne à un véritable désespoir, faisant entendre des gémissements lamentables, s'efforçant d'appeler à elle ses petits; de ses pattes courtes et fortes, elle les secouait; elle les remuait du bout de son museau pointu, ne comprenant rien à leur immobilité; elle plaçait devant eux ce qu'il restait des débris et le leur dépeçait; puis, sans cesser de gémir, la pauvre bête s'éloignait de quelques pas, s'arrêtait pour appeler de nouveau ses petits et les forcer à la suivre.

Enfin, elle sembla soupçonner la vérité et, revenant près des oursons immobiles, elle lécha le sang qui coulait de leurs blessures. Quand elle fut sûre que ses petits étaient morts, elle se tourna vers le navire en poussant des hurlements épouvantables. L'œil sanglant, les narines ouvertes, son long poil jaunâtre hérissé, tout annonçait la fureur de l'ourse et sa soif de vengeance. Une nouvelle décharge l'atteignit mortellement cette fois, et se sentant perdue, elle alla se coucher, pour mourir, auprès de ses nourrissons.

Nous avons dit que, vis-à-vis de l'ours polaire, les Esquimaux usent surtout de ruse. Les Sibériens sont beaucoup plus courageux. Wrangel, dans la relation de son voyage dans le nord de la Sibérie, raconte de merveilleuses histoires de chasseurs, notamment le trait suivant que l'on trouvera, à n'en pas douter, d'une extrême hardiesse.

Un Youkaguire et son fils s'étaient mis en route pour aller chasser le renard; mais, après avoir passablement couru, ils durent s'avouer malheureux dans leur chasse, et ils s'en retournaient chez eux, lorsqu'ils découvrirent un ours, dormant dans sa tanière. Bien qu'ils n'eussent point de fusil, nos intrépides chasseurs se décidèrent à tenter une attaque, et voici comment ils s'y prirent : la tanière avait deux issues; le père s'adossa à l'une de ces issues de manière à la boucher de ses larges épaules, tandis que son fils, armé de sa *pokoliouga* (1), se mettait en devoir d'attaquer l'ours. L'animal, blessé au milieu de son sommeil, songea tout d'abord à la retraite, et s'élança vers l'issue gardée comme on sait; ce fut en vain qu'il essaya d'entamer à coups de griffes la peau lisse et bien tendue de la pelisse du robuste Youkaguire, que rien ne put ébranler et qui garda son poste périlleux jusqu'au moment où le jeune homme, redoublant d'efforts, acheva de tuer l'ours.

De pareilles témérités se payent parfois assez cher; l'exemple suivant en est la preuve.

Un autre Youkaguire, qui remontait en bateau la Kolima, aperçut un grand ours noir sur le rivage, déterrant des racines et cherchant à dénicher des souris.

(1) Couteau de chasse fixé à un long manche.

L'animal paraissait tellement préoccupé, que l'homme conçut l'espoir de s'en approcher sans être aperçu, pour le tuer d'un coup de couteau, seule arme qu'il possédât. Le Youkaguire, sans faire aucun bruit, aborda à la rive. Chose surprenante! il parvint à s'approcher de l'ours, saisit une des pattes de derrière et s'apprêtait à le frapper de son couteau, lorsque l'animal, qui se vit en danger,

Fig. 72. — Dépôt de vivres mis au pillage par les ours.

se mit à fuir de toute sa vitesse, entraînant son ennemi à travers plaines et montagnes; mais celui-ci ne lâchait point prise, il espérait que son intraitable captif s'arrêterait et qu'il pourrait alors l'attaquer corps à corps; enfin, meurtri et ensanglanté, le hardi chasseur fut forcé d'abandonner cette proie, qu'il avait pu un moment considérer comme sûre.

Le renne, dont les Lapons, les Samoyèdes, les Tchouktchas possèdent de nombreux troupeaux, est aussi l'objet d'une chasse fructueuse.

C'est grâce à des stratagèmes fort curieux que les Esquimaux et les Indiens de l'Amérique du Nord parviennent à tuer le renne ou caribou et l'élan nommé aussi *orignal.*

Les grands froids de l'hiver affectent le renne, à ce point qu'il se retire dans la partie la plus épaisse des bois, où il demeure dans un état d'immobilité léthargique.

Les riverains de la Kolima attendent, à la fin de l'automne, le moment où les rennes traversent ce cours d'eau, se dirigeant vers l'occident, pour les surprendre au passage. Ils disposent, dans d'étroits défilés, des nœuds coulants, faits avec des courroies, ou bien ils les poussent vers des enclos de broussailles n'ayant qu'une seule ouverture, placée de telle sorte qu'après être entré l'animal ne peut plus sortir.

Les chasseurs qui, au printemps, vont chasser les rennes dans la *toundra,* se mettent en campagne par petites troupes, composées de quelques hommes à cheval, munis chacun d'une petite nacelle, dite *vetka,* attachée à leur selle, et devant servir à traverser les nombreux cours d'eau qu'on doit rencontrer.

Le talent des chasseurs consiste à entourer un troupeau de rennes et à obliger ces animaux à se jeter à l'eau dans quelque lac ou dans une rivière. Si les chasseurs obtiennent ce résultat, ils lancent leurs légères *vetkas* et poursuivent le renne dans l'eau; le renne ne nage que lentement : il est vite atteint par un des chasseurs, qui lui plonge son couteau à long manche dans les flancs.

Les bêtes ainsi tuées sont enfouies dans la terre, à la profondeur où elle ne dégèle pas. Au commencement de l'hiver, les chasseurs reviennent en traîneaux pour les enlever; mais souvent ils ne trouvent que les carcasses de leurs rennes, qui ont été déterrés et mangés par les loups.

Au printemps aussi, comme il se forme fréquemment pendant la nuit une légère croûte glacée à la surface de la neige, ramollie par les premiers rayons du soleil, les

Fig. 73. — Élan.

chasseurs en profitent pour poursuivre, en léger traîneau attelé de chiens, le renne, et de même l'élan. Le poids de l'animal ne tarde pas à lui faire briser cette glace si mince : il enfonce et devient une facile proie.

Dès les premières chaleurs humides de l'été, il s'élève des plaines marécageuses du nord de la Sibérie des myriades de moustiques, surtout dans le voisinage des grands cours d'eau. Bientôt les plaines se couvrent d'une épaisse fumée : elle provient de grands tas de mousse et de bois vert auxquels on met le feu (*dimokours*), pour écarter par l'âcreté de la fumée les moustiques qui s'abattent sur le pays. Sans exagération, leurs épaisses phalanges, sous forme de nuages, obscurcissent le ciel.

Les rennes sont alors forcés d'abandonner les forêts, pour se rendre sur le rivage de la mer, où l'air est plus froid; ils émigrent par milliers. D'autres se rassemblent au bord des rivières pour se plonger dans l'eau, seul refuge contre la piqûre des moustiques. Les indigènes, apostés aux environs des fleuves et des lacs, les tuent facilement en grand nombre. Un bon chasseur peut tuer, dans une saison, une centaine de rennes, en les poursuivant, comme nous l'avons dit, jusqu'au milieu de l'eau.

Les Yakoutes de la région des *toundras* du nord-ouest de la Sibérie s'enfoncent à cheval dans les forêts; armés de leur *palma* (couteau de chasse à lame très large), ils courent sus aux rennes et les égorgent.

Les chasseurs de rennes poursuivent aussi l'élan dans les marais, dans les taillis, au milieu de l'eau. C'est toujours une belle capture et qui vaut le mal qu'on peut se donner. Aussi Indiens de l'Amérique ou indigènes de la Sibérie ne négligent-ils rien pour y parvenir.

On raconte l'aventure d'un Sibérien qui, en traversant la Kolima en bateau, aperçut un élan, qui se baignait dans le fleuve; persuadé qu'il ne pourrait charger cette énorme bête dans son bateau, même après avoir réussi à l'égorger dans l'eau, le chasseur imagina de lancer à l'élan un nœud coulant pour l'entraîner ensuite vers les bords de la rivière et lui donner la mort. Mais ce calcul fut mis en défaut; car à peine le nœud coulant eut-il été envoyé que l'animal, qui se sentit pris, et dont les longues jambes atteignaient le fond de la rivière, partit de toute sa vitesse, entraînant batelier et bateau. Notre chasseur eut encore la chance de pouvoir abandonner cet équipage incommode en se jetant à l'eau.

Les Sibériens se réunissent en troupes pour aller chasser l'élan et le bélier sauvage aux caps Baranoff, de la péninsule tchouktche.

Fig. 74. — Le renard polaire.

Le renard bleu, nommé aussi renard polaire ou isatis, est très nombreux dans la région des *toundras* habitée par les Tongouses. Les *promichlénicks*, qui sont à la fois des chasseurs déterminés, des trappeurs et des marchands de fourrures, voire des chercheurs de dents de mammouth, leur font une guerre d'extermination, en leur dressant des pièges. Souvent la triste uniformité d'une plaine de neige, unie et sans bornes, avec la mer Glaciale pour horizon, n'est interrompue que par ces pièges à renard.

Celui qui est le plus en usage se compose d'une poutre, dont une des extrémités est élevée diagonalement au-dessus d'une sorte de caisse, qui renferme l'appât; si l'animal y touche, le ressort s'échappe, la poutre tombe sur lui et le retient jusqu'à l'arrivée du trappeur.

Un genre de chasse particulier aux Youkaguires, établis sur les rives de l'Aniouy et de l'Omolone, ainsi qu'aux Yakoutes répandus sur les montagnes et dans les forêts qui avoisinent Sredné-Kolimsk, consiste à lancer des chiens, dressés exprès, à la poursuite des renards. Ils emploient le même moyen pour la chasse des zibelines et des écureuils.

Les Russes établis dans le nord de la Sibérie, et qui sont pour la plupart, nous l'avons dit, des descendants d'anciens déportés, emploient les armes à feu et sont plus véritablement chasseurs. Ils savent découvrir le terrier du renard. Qu'un glapissement aigu éveille leur attention, ils approchent avec précaution, et bientôt tout leur indique la présence de l'animal dont ils convoitent les dépouilles : le sol fertilisé en quelque sorte, et où apparaissent divers saxifrages et les étoiles dorées de la potentille qui illuminent un tapis de verdure, puis les trous de lemmings et d'hermines, ces petites bêtes dont le renard fait sa nourriture, enfin des « caches » où gisent les lemmings tués par eux et mis de côté pour l'hiver; le sol est aussi jonché d'ailes de toutes jeunes bernaches, débris des razzias du dernier été.

Le renard bleu ressemble beaucoup à notre renard, mais il n'en a nullement les mœurs. Quoique très rusé, il est tellement esclave de ses habitudes qu'il n'aperçoit pas les périls auxquels l'exposent ses instincts. Ce renard est petit, il a les pattes courtes, le museau obtus et fort, les oreilles mignonnes et arrondies. Son pelage épais, à longs poils, change de couleur suivant la saison; ainsi, l'été, il est d'une couleur terreuse, et l'hiver, blanc ou bleu de glace, avec des reflets de mine de plomb ou d'ardoise.

Sa fourrure, si appréciée, sert à faire des pelisses qui valent parfois, en Russie, de 30 à 40,000 francs. Ceci exige une explication, car une peau de renard bleu n'est pas achetée aux chasseurs plus de 100 ou de 150 francs.

Fig. 75. — Lemming.

C'est que les quatre pattes seules de l'animal sont utilisées pour la fourrure. Jugez s'il en faut pour une pelisse! Le reste de la peau n'est nullement considéré comme fourrure de luxe; on le donne par-dessus le marché. Personne ne l'emploierait en Sibérie, ni en Russie; mais en Angleterre, en Allemagne, et même en France, on n'y regarde pas de si près. Nous sommes fâchés d'enlever sur ce point une illusion à plus d'une de nos élégantes lectrices.

Le renard bleu procure aux chasseurs des bénéfices tellement assurés, qu'il n'est pas rare d'en voir parmi eux élever les « jeunes » jusqu'à ce que leur fourrure ait acquis tout son prix. On prétend même qu'il se trouve des femmes assez pauvres pour partager le lait de leur enfant avec trois ou quatre renards bleus nouveau-nés.

Partout où ces renards, que l'on rencontre ordinairement en troupes, croient n'avoir rien à craindre de l'homme, ils ne se donnent point la peine de creuser des terriers; ils se cachent parmi les pierres, dans les buissons, pour y guetter leur proie. Pour atteindre les lemmings dont il fait sa principale nourriture, le renard bleu traverse des rivières et même des bras de mer à la suite de ces rongeurs. Il se montre très friand des oiseaux de mer ou de rivage, tels que pluviers et gélinottes, ainsi que des œufs de ces volatiles.

Il y a de curieux exemples d'une sorte de naïveté chez le renard polaire, laquelle s'associe mal à la ruse ordinaire de tous les renards. Ainsi, tel chasseur a fait feu plusieurs fois sur un renard bleu, qui s'obstinait, malgré cela, à le suivre, comme l'aurait pu faire un chien bien dressé; un autre en a attrapé un avec les mains : l'animal était venu s'asseoir devant lui et le regardait avec curiosité. Si l'on dépouille, dans le voisinage des renards, une bête quelconque, ils arrivent pour prendre leur part du butin, au risque de recevoir de très près quelque coup de couteau.

A côté de cela, ils savent, aux yeux des chasseurs, creuser le sol pour y enfouir un castor, un ours même, qu'ils auront trouvé mort, et si bien, qu'il est difficile de découvrir leur cachette; ils viennent la nuit manger les entrailles des animaux tués par les chasseurs, et que ceux-ci placent très près d'eux, pour faire meilleure garde; et, en outre, ils enlèvent aux chasseurs endormis

Fig. 76. — Renards maraudeurs.

les bonnets qu'ils ont sur la tête, leurs gants, les peaux qui leur servent de couvertures; ils rongent le cuir de leurs chaussures; on les a vus aussi manger le nez et les doigts d'hommes morts, pendant qu'on creusait leur fosse; enfin, ils attaquent les malades et les blessés.

« Ils sont si voraces, » a écrit au siècle dernier le navigateur Steller, « qu'on pouvait d'une main leur tendre un morceau de viande, et de l'autre leur donner un coup de hache. Nous nous tenions à côté d'un cadavre de phoque, armés de bâtons, fermant les yeux, faisant semblant de ne point voir; ils arrivaient aussitôt, se mettaient à manger, et se laissaient assommer, sans qu'aucun d'eux essayât de fuir. Nous creusions un trou, dans lequel nous jetions de la viande; à peine avions-nous les talons tournés, que déjà le trou était plein de renards, qu'il nous était facile d'assommer à coups de bâton. Nous ne tenions aucun compte de leur belle fourrure; cependant, nous étions avec eux en guerre continuelle, comme avec nos plus grands ennemis. Tous les matins, nous traînions par la queue, sur la place d'exécution, ceux que nous avions pris vivants. »

Les Samoyèdes chassent le renard polaire, au moment des fortes neiges. En cette saison, les isatis se bâtissent un couloir au fond duquel ils se blottissent. Les chasseurs creusent la neige avec un bois de renne, saisissent le renard par la queue et lui brisent la tête contre une pierre. Pour bien s'assurer que la bête est dans son terrier, le chasseur met l'oreille à l'ouverture du couloir et creuse dans la neige avec sa pelle; le renard, mis en éveil, manifeste sa présence par des bâillements, et des éternûments.

Quelques mots sur le renard argenté, ou renard noir.

Il a les formes et les habitudes du renard ordinaire; mais sa forte taille lui donne plus de hardiesse pour attaquer des animaux d'une certaine grosseur; le pelage de ce renard est d'un noir de suie, piqué ou glacé de blanc, excepté aux oreilles, aux épaules et à la queue, où il est est d'un noir pur. Pressé par la faim, on prétend qu'il est très audacieux.

La chasse aux oiseaux de passage se partage en plusieurs périodes. On commence par les canards, qui sont les premiers à muer; puis arrivent les oies, et enfin les cygnes. C'est à la fin d'avril qu'apparaissent les premiers oiseaux de passage. A partir de ce moment, des nuées de gibier emplumé accourent par colonnes pressées et bifurquées vers les plages arctiques. Les chasseurs s'embusquent sur les bords des rivières, où les oiseaux fatigués viennent se poser par milliers; c'est à coups de bâton qu'ils les tuent.

Les chiens de la région arctique sont utilisés, comme on l'a vu, pour plusieurs genres de chasse; dans toutes ils apportent beaucoup d'ardeur, et, quand il le faut, ce qui leur reste de férocité naturelle. Par le flair ils reconnaissent la présence d'un ours ou d'un renne à 400 ou 500 mètres.

Ces chiens montrent beaucoup de sagacité comme auxiliaires de leurs maîtres, lorsque ceux-ci sont obligés, au milieu des privations de l'hiver, de poursuivre le phoque dans les retraites que cet amphibie se ménage sous la glace. Le chien de l'Esquimau ou du Tongouse aperçoit à un demi-kilomètre le trou d'un phoque à la surface de la banquise.

Ceci nous servira de transition pour dire quelques mots de la pêche.

La manière la plus ordinaire de s'emparer des phoques est de les guetter au bord du trou qu'ils font dans la glace et les harponner. Guidé par les chiens, le pêcheur arrive aisément jusqu'à ces trous. Alors, il sonde la neige avec son harpon à une profondeur de deux ou trois pieds, car le phoque fait son trou à travers la glace; mais il s'arrête souvent à la couche de neige. Une fois aposté, le

Fig. 77. — Sur les côtes du Groënland.

pêcheur attend patiemment que le phoque vienne respirer.

Aussitôt qu'il l'aperçoit à travers la neige, il lui lance son harpon et, le plus souvent, il l'atteint du premier coup. Le phoque plonge; mais une ligne attachée au fer du harpon ne le laisse pas s'éloigner bien loin; le phoque blessé est vite à bout de forces. Par le trou agrandi, débarrassé de la neige, le pêcheur l'attire à lui, heureux d'une capture qui doit fournir tant de choses à son existence.

Les Esquimaux du Groënland se hasardent dans leurs *kayaks*, ces bateaux faits de peaux de phoque, à attaquer la baleine, le plus gros animal de la création. On voit, dans les premières salles du musée ethnographique de Paris, les instruments primitifs qui suffisent à ces hommes pour venir à bout de l'énorme cétacé.

Dans toute la région arctique, les rivières sont fort poissonneuses. « La nature, comme une bonne mère, » a dit notre poète Regnard, « refusant à ces peuples la fertilité de la terre, leur accorde l'abondance des eaux. » Les riverains des fleuves sibériens pêchent au filet, et avec des tramails, faits en baguettes de saule entrelacées.

Il y a la pêche d'été et la pêche d'automne, qui se prolonge jusqu'au mois de décembre. Pour cette dernière pêche, on pratique des ouvertures à travers la glace, qui, dès les premiers jours d'octobre, recouvre la surface des fleuves, principalement vers leur embouchure, et l'on y introduit des filets de crin.

En automne, on pêche aussi en abondance, à l'embouchure des fleuves, les harengs, qui abandonnent la mer au moment où elle gèle. Les plus gros harengs sont ceux de la Kolima; il y en a aussi beaucoup, mais moins beaux, dans l'Indiguirka et la Yana. En général, les poissons des fleuves sibériens sont d'une fort belle taille, et leur chair est très délicate.

# V.

La mer libre du pôle nord. — Édouard Parry. — Le docteur Kane et le *steward* Morton. — Le docteur Hayes. — Aug. Petermann. — Le capitaine Osborne. — Gustave Lambert. — Expéditions récentes. — *Le Tegethoff.* — *Le Polaris.* — *L'Alert* et *la Discovery.* — Y a-t-il véritablement une mer libre au pôle? — Les naufragés du *Polaris.* — Les trois pôles du froid au nord. — Densité de l'air. — Formation de la glace. — Les courants. — Le *gulfstream.* — Le courant du détroit de Behring.

Abordons maintenant la plus intéressante des questions qui se présentent, quand on étudie le pôle nord : l'existence, plus ou moins problématique, d'une mer libre.

Dans son dernier voyage, exécuté en 1827, Parry, abandonnant la voie des mers occidentales qu'il avait suivie jusque-là, pointa directement au nord par l'est du Groënland. Parti en traîneau de l'île la plus septentrionale du Spitzberg, il s'avança sur les glaces un peu plus loin que le 82° degré; mais, entraîné sans cesse vers le sud par les champs flottants qui le portaient et qui dérivaient avec ces courants dont nous avons parlé, il ne lui fut pas possible de lutter longtemps de vitesse avec eux, et il dut rebrousser chemin, pénétré du regret de ne pouvoir franchir les 200 lieues qui le séparaient encore du pôle.

Les pluies qui ne cessaient de tomber, l'absence de toute terre en vue, la profondeur de la mer, dont la sonde ne trouvait pas le fond à 9,000 mètres (sous le

82° degré), tout convainquit l'intrépide navigateur de l'existence d'une mer libre au pôle. Il lui répugnait d'admettre qu'un océan, sillonné de courants et dont la profondeur est insondable, puisse être emprisonné sous des glaces éternelles.

D'autre part, au cours des nombreuses expéditions envoyées à la recherche de sir John Franklin, on avait aperçu à diverses reprises, au nord des détroits de l'océan Glacial, des eaux offrant un libre accès à la navigation. Si c'était là cette mer dégagée de glaces que les théories récentes sur les courants, la marche suivie par les glaces au moment de la débâcle annuelle, les températures diverses observées sous une même latitude, avaient laissé si fortement soupçonner? Serait-il possible qu'il y eût, au pôle boréal, sous un climat plus doux, une mer tout à fait libre? un continent? des terres habitées? Telles sont les questions qui se trouvèrent inopinément posées.

Le docteur Élisée Kane, désigné en 1853 par l'amirauté américaine pour commander la seconde expédition que les États-Unis envoyaient à la recherche du capitaine Franklin, se promettait bien, en outre du principal objet de son expédition, d'éclaircir l'une ou l'autre de ces questions si intéressantes. Il partit de New-York, le 30 mai de la même année, sur le brick *l'Advance*. Le 27 juillet, il atteignait la baie de Melville, encombrée d'*icebergs;* il se dirigeait vers le détroit de Smith. Le 6 du mois suivant, il doubla le cap Alexandre, qui forme l'entrée de ce détroit.

La difficulté d'aller beaucoup plus loin, à cause de l'accumulation des glaces, lui fit choisir pour quartier d'hiver le havre de Rensselaër. Il y demeura depuis le 10 septembre de cette année jusqu'au 17 mai 1855, se

Fig. 78. — *L'Advance* en péril.

livrant à d'utiles observations, visité par les Esquimaux

du campement d'Etah, le plus septentrional que l'on connaisse, et cultivant leur amitié.

Kane avait avec lui le docteur Hayes, qui depuis a accompli un nouveau voyage d'exploration, et le *steward* Morton, qui s'est acquis une réelle célébrité.

Quand il fallut quitter le havre de Rensselaër, Kane fut forcé d'abandonner son petit navire et de revenir dans trois embarcations, et, avec des provisions insuffisantes, de traverser un espace de 400 lieues, tantôt sur la glace, tantôt par eau, pour atteindre l'établissement danois d'Uppernawick. C'est des suites des fatigues éprouvées par lui dans ce voyage, que le docteur Kane est mort (en 1857).

A son retour, Kane affirma l'existence d'une mer libre au pôle. Il ne l'avait pas vue, mais il croyait au témoignage d'un de ses compagnons. Morton, parti en traîneau pour reconnaître le littoral du Groënland, au delà du glacier de Humboldt, et l'extrémité la plus septentrionale du détroit de Smith, accompagné d'un interprète groënlandais, obtint en effet le résultat le plus important de l'expédition tout entière. Le 24 juin, il atteignit le promontoire élevé où cesse le détroit (le cap Indépendance) et se trouva en présence d'une mer large, aux eaux entièrement libres.

Du haut du cap qui a reçu le nom de Constitution. Morton vit, à 480 pieds au-dessous de lui, cet océan si longtemps cherché au nord des régions arctiques.

Son œil embrassait un espace d'environ 1,000 ou 1,200 lieues carrées, où ne flottait aucun glaçon.

La mer, agitée par un vent du nord violent, qui souffla de cette direction pendant plus de cinquante heures, venait battre, de ses flots verdâtres, les falaises abruptes du cap. Le flux et le reflux se montraient sensiblement. A droite, la côte s'infléchissait vers l'est et s'arrondissait en golfe; à gauche, le rivage occidental du canal Robeson se prolongeait jusqu'au 83° parallèle et semblait se terminer par une chaîne de montagnes, dont la plus grande hauteur pouvait être évaluée à 3,000 mètres.

Fig. 79. — Baie de Melville.

Le cap Indépendance est situé au delà du 81° degré, latitude qui paraît être le point extrême de cette partie du Groënland nommée Terre de Washington. Morton y arbora les couleurs de l'Union américaine.

La découverte fortuite de ces eaux libres n'était pas pour Kane et ses compagnons un fait isolé. Des Esquimaux leur avaient donné l'assurance qu'à l'extrémité septentrionale du détroit de Smith se trouvait une grande île jadis habitée, dont le nom est Ummigsmac (île du Bœuf musqué), baignée chaque été par une mer navigable. A Uppernawick, Kane avait aussi entendu parler de cette île voisine du pôle (en admettant que les rapports des Esquimaux fussent fondés); mais en laissant de côté ces témoignages, il trouvait, dans ses propres observations, d'autres preuves plus sérieuses, concordant avec le rapport de Morton.

Kane nota que, lorsque vient le printemps, de nombreux troupeaux de quadrupèdes partent du littoral du continent américain, et, traversant le détroit sur la glace solide encore, se répandent sur les diverses îles du labyrinthe polaire. C'est ainsi que les rennes s'avancent jusqu'au 80e degré de latitude. Les oiseaux dépassent de plusieurs degrés cette limite, et s'en vont par vols épais faire leur ponte annuelle sur les rochers des îles les plus septentrionales, comme s'ils étaient sûrs de trouver sous le pôle un climat plus doux, des eaux libres, des terres moins froides, que leur instinct leur fait deviner.

Un fait certain encore, c'est que la vie animale, qui avait fait défaut à l'expédition dans le sud, apparut « d'une manière saisissante » à Morton et à son guide esquimau lorsqu'ils eurent atteint le littoral de la mer libre. Là l'eider, le canard royal, l'oie de Brent, étaient si nombreux que les voyageurs en abattaient deux d'un seul coup de fusil. « L'oie de Brent, » dit le docteur Kane, « est bien connue du voyageur polaire comme un oiseau émigrant du continent américain. Ainsi que ceux de la même famille, cet oiseau se nourrit de matières végétales, généralement de plantes marines, avec les mollusques qui y adhèrent. Il est rarement vu dans l'intérieur des terres, et ses habitudes en font un indice de la présence de l'eau... Les rochers étaient couverts d'hirondelles de mer, oiseaux qui ne vivent qu'auprès d'une eau libre, et qui y étaient déjà au moment de la ponte. Tous ces oiseaux occupaient les premiers milles du canal Kennedy; c'est le nom que prend vers sa fin le détroit de Smith depuis le commencement de l'eau libre; plus au nord, ils étaient

Fig. 80. — Cap York, dans la baie de Melville.

remplacés par des oiseaux nageurs. Les mouettes étaient représentées par quatre espèces au moins. »

Un peu plus avant, Morton remarqua le pétrel arctique, oiseau qui n'avait pas été vu depuis que l'expédition avait quitté les parages fréquentés par les baleiniers anglais, à plus de 200 milles au sud.

Le docteur Kane fait remarquer que la nourriture du pétrel, essentiellement marine, consiste surtout en petits poissons nommés acalèphes, et il ajoute : « Il s'attroupe rarement, excepté dans les parages fréquentés par les baleines et les plus grands animaux de l'Océan ». Sur les bords de la mer libre, « des troupes de pétrels se balançaient au-dessus de la crête des vagues, comme le font les représentants de la même espèce dans les climats plus doux... Il est impossible, en rappelant les faits relatifs à la découverte d'une mer libre, — la neige fondue sur les rochers, les bandes d'oiseaux marins, la végétation devenant de plus en plus abondante, l'élévation du thermomètre dans l'eau, — de ne pas être frappé de l'existence probable d'un climat plus doux vers le pôle. »

Morton constata que les rivages n'étaient pas privés de toute végétation : elle s'y montrait relativement active; plusieurs espèces de fleurs, lychnis, hespéris, joubarbe, etc., s'épanouissaient à la lumière. La vie semblait réellement renaître sous ces latitudes qui se rapprochaient du pôle.

Ce n'était pas la première fois, nous l'avons dit, que des navigateurs apercevaient des eaux navigables au nord des détroits où ils s'étaient engagés. Plusieurs déjà avaient cru trouver la fameuse mer, objet de tant d'aspirations. Aussi les conclusions du docteur Kane furent-elles timides.

Rappelant les prétendues découvertes faites par ses prédécesseurs, « toutes, » disait-il, « ont été illusoires, bien que notées avec une parfaite bonne foi, et plusieurs peuvent penser que mon observation, quoique faite sur une plus grande échelle, doit se ranger dans la même catégorie. Mais la mer que je me suis hasardé à appeler « libre », a été suivie pendant nombre de milles le long de la côte, et vue d'une élévation de 480 pieds, sans limite à l'horizon et sans glaces à la surface, mer véritable se soulevant et se brisant contre les rochers du rivage. »

Tel était l'état de la question lorsque le docteur Hayes entreprit un nouveau voyage aux mêmes lieux. Le plan de l'entreprise qu'il a exécutée en 1860, Hayes l'avait formé à l'époque où il faisait partie, en qualité de chirurgien, de l'expédition de son compatriote Kane. Dans ce

Fig 81. — Cap Alexandre.

premier voyage, c'est lui qui avait découvert la Terre de Grinnell, faisant face, dans le détroit de Smith, au littoral d'où Morton a signalé une mer libre.

Il espérait ouvrir assez loin parmi les glaçons une route à son navire, puis, à l'aide des chiens indigènes, transporter sur la banquise un canot, et enfin, « si pareille fortune » lui était réservée, « se lancer dans la mer libre, pour continuer sa route vers le nord. » « Convaincu, » disait le docteur Hayes, « que l'Océan ne peut être gelé autour du pôle nord, qu'une vaste mer libre, dont l'étendue varie selon les saisons, se trouve encadrée dans la formidable ceinture de glaces qui a défié tant d'audacieux assauts, je désirais ajouter encore aux preuves accumulées à cet égard, d'abord par les anciens navigateurs hollandais et anglais, plus tard par Scoresby, Wrangel, Parry, Kane. »

Le docteur Hayes retrouva ces eaux libres, — du moins à ce qu'il a prétendu, — et il les contempla d'un autre point du littoral de cet océan présumé.

Parti le 4 avril 1861, en traîneau, il s'avança bien près du 82° degré. Le 18 mai, après une pénible marche de quarante-six jours, il arrivait à la baie de lady Franklin. Là, il escalada une pente escarpée et se hissa sur une saillie de rochers à 800 pieds environ au-dessus de la mer. O bonheur! au-dessous, « la mer étalait sa nappe immense, bigarrée de taches blanches ou sombres, ces dernières indiquant les endroits où la glace était presque détruite, ou avait entièrement disparu; au large, ces taches devenaient plus foncées et plus nombreuses, jusqu'à ce que, formant une bande d'un bleu noirâtre, elles se confondissent avec la zone du ciel où se reflétaient leurs eaux. Les vieux et durs champs de glace (dont les moins grands mesuraient à peine moins d'un kilomètre), et les rampes massives et les débris amoncelés qui en marquaient les bords, étaient les seules parties de cette vaste étendue qui conservassent encore la blancheur et la solidité de l'hiver.

« Tout me le démontrait, » ajoute le docteur, « j'avais atteint les rivages du bassin polaire, l'Océan dormait à mes pieds! Terminée par le promontoire qui, là-bas, se dessinait sur l'horizon, cette terre que je foulais était une grande saillie se projetant au nord, comme le Séverro Vostochnoï, hors de la côte opposée de Sibérie. Le petit ourlet de glace qui bordait les rives s'usait rapidement. Avant un mois, la mer entière, aussi libre de glaces que les eaux du nord de la baie de Baffin, ne serait obstruée

Fig. 82. — Pétrel arctique.

que par quelque banquise flottante, errant çà et là au gré des courants et de la tempête. »

L'approche du printemps, le dégel rapide, obligeaient le docteur Hayes à revenir en arrière, pour ne pas compromettre son retour aux côtes groënlandaises. Son but était, du reste, atteint. Il avait pu hisser ses pavillons sur le point le plus septentrional où l'on fût parvenu jusqu'alors dans ces régions, et ce point était justement baigné par un océan inconnu.

Mais le navigateur quittait avec peine ces lieux. Ils exerçaient sur lui une fascination puissante.

« Notre proximité de l'axe du globe, » a-t-il écrit dans sa relation, « la certitude que, de nos pieds, nous touchions une mer, placée bien au delà des limites des découvertes précédentes, les pensées qui me traversaient l'esprit en contemplant cette vaste mer qui s'étendait devant nous, l'idée que peut-être ces eaux ceintes de glaces baignent les rivages d'îles lointaines où vivent des êtres d'une race inconnue, tout cela paraissait donner je ne sais quoi de mystérieux à l'air même que nous respirions; tout cela excitait notre curiosité et fortifiait ma résolution de me lancer sur cet océan et d'en reconnaître les limites les plus reculées. Je me rappelais toutes les générations de braves marins, qui, par les glaces, et malgré les glaces, ont voulu atteindre cette mer, et il me semblait que les esprits de ces hommes héroïques, dont l'expérience m'a guidé jusqu'ici, descendaient sur moi pour m'encourager encore. Je touchais pour ainsi dire « la grande et notable chose » qui avait inspiré le zèle du hardi Frobisher; j'avais accompli le rêve de l'incomparable Parry! »

Kane et Hayes ont proclamé leur découverte. L'un et l'autre ont publié, de leurs voyages, des relations qui ont été lues avec avidité. Le docteur Hayes n'a pas hésité à intituler son livre : *la Mer libre du pôle.*

Et cependant le doute est loin d'être dissipé. Ces eaux navigables peuvent-elles conduire jusqu'au pôle boréal? Sont-elles exemptes de glaces en tous temps? Occupent-elles le pôle lui-même, ou baignent-elles un continent polaire auquel elles permettraient d'atteindre aisément? Est-il possible, enfin, dans l'état de la science nautique, de dépasser le pôle sur ces eaux, pour revenir par un autre hémisphère dans le monde connu? En d'autres termes, le détroit qui sépare l'Asie et l'Amérique offrirait-il une issue à un navire qui, entré dans les régions arc-

Fig. 83. — Le départ du traîneau.

tiques entre l'Amérique et l'Europe, aurait atteint et dépassé le pôle?

Pour savoir définitivement à quoi s'en tenir sur ces divers points, Petermann en Allemagne, le capitaine Osborn en Angleterre, Gustave Lambert en France, étudièrent, préparèrent ou entreprirent même (comme l'a fait Auguste Petermann) de nouvelles expéditions, qui devaient surpasser en hardiesse toutes celles successivement tentées par tant de navigateurs audacieux.

On connait la fin du capitaine Lambert, tué pendant le siège de Paris; après sa mort, l'hypothèse d'une mer libre au pôle nord a été à peu près abandonnée. Mais, d'une manière générale, les programmes scientifiques des expéditions futures se sont enrichis.

Les exigences se multiplient : les courants aériens et maritimes, la température de l'eau et de l'air, la pression atmosphérique et les marées, les variations de la pesanteur, celles de la direction et de l'intensité des forces magnétiques, les causes des aurores boréales, la formation et le développement des glaciers, et d'autres importantes lois de la physique du globe, constituent un ensemble de données encore assez confuses, qui ne peuvent que gagner à être étudiées sur place.

Après la découverte réelle ou illusoire de Kane, confirmée pourtant par Hayes, d'autres expéditions se formèrent pour aller contrôler leurs assertions. Les principales sont celles du *Tegethoff* et celle du *Polaris*, signalées par tant d'incidents dramatiques, puis, en 1875, l'expédition entreprise avec *l'Alert* et *la Discovery* sous le commandement du capitaine Nares et les lieutenants Markham, Aldrich et Beaumont.

Le capitaine Nares affirma n'avoir trouvé qu'un océan

couvert de glaces « éternelles », des *hummocks*, à l'endroit où Kane et Hayes avaient vu une mer libre et ouverte.

Lui et ses officiers ont reconnu que le rivage, à la sortie du détroit de Robeson, fuyait d'un côté vers l'est, de l'autre vers l'ouest; mais devant eux se déployait, au lieu de cette mer libre, depuis si longtemps cherchée et vue par Kane et Morton ainsi que par Hayes, une immense étendue, rigide et blanche agglomération d'énormes banquises séculaires, incessamment accrues par les neiges d'innombrables hivers, et ayant de 80 à 100 pieds d'épaisseur. Ce plancher de glace inégal, montueux, impraticable, pressait la côte du Groënland et, aussi loin que le lieutenant Markham en reconnut la continuité, jusqu'au delà du 83° degré. Cette mer congelée a reçu le nom de *Paléocrystique*, à cause de l'antiquité de ses glaces.

L'œil exercé du physicien a reconnu à ces glaces le caractère qui appartient aux neiges accumulées depuis des siècles sur les hauts sommets des Andes ou de l'Himalaya. La surface semble se renouveler tous les ans, car elle paraît usée, tourmentée par l'action des étés, mais cette action dissolvante n'atteint point la masse indestructible qui encombre ce bassin.

On ne peut admettre la supposition d'une supercherie de la part de Kane et de Hayes ; ce qu'ils ont dit avoir vu, ils l'ont vu réellement. Cela étant, n'est-on pas tenu de s'efforcer de concilier les deux opinions?

La bonne foi des deux explorateurs américains admise, il est permis de croire que cet encombrement signalé par le capitaine Nares, tout en étant formé de glaces éternelles, a pu être produit par quelque mouvement des eaux, par une cause accidentelle, et qu'un autre accident peut disperser les *hummocks* de la prétendue mer Paléocrystique. Les futures explorations donneront sans doute le mot de cette énigme.

Quoi qu'il en soit, à l'heure présente, il est loisible à chacun d'accepter sans réserve les affirmations du capitaine Nares et de ses lieutenants, ou de les rejeter en s'en tenant, au contraire, aux révélations de Kane et de Hayes touchant la mer libre.

Fig. 84. — Dernière étape vers le Nord.

Le savant géographe Petermann a soutenu l'existence de la mer libre. M. Nordenskiöld, dont on ne contestera certes point la compétence, a donné aussi son avis sur cette question : il affirme que, s'il y a une terre à l'axe du globe, elle est improductive, même inabordable, et que, s'il existe une mer, elle est gelée et impénétrable.

En présence de ces divergences, il s'est produit ce fait curieux que sur certaines cartes on voit tracée la mer polaire de Kane à l'extrémité du canal Robeson, qui fait suite au canal Kennedy; sur d'autres cartes, au même lieu, sous la même latitude, on trouve indiqué l'océan

Paléocrystique de Nares, avec sa banquise épaisse, formée de glaçons bouleversés.

Nous avons nommé *le Polaris*. Qu'il nous soit permis, pour donner un exemple saisissant de la théorie des courants, de raconter les terribles péripéties de cette aventure des mers boréales : il s'agit de quelques hommes de l'équipage de ce navire, qui endurèrent pendant plus de six mois le supplice de se trouver abandonnés, en plein Océan arctique, sur un glaçon en dérive.

Le capitaine Georges Tyson, compagnon de l'infortuné Hall, mort en 1871, à la veille peut-être de résoudre le grand problème de la découverte du pôle, Tyson se réfugia avec quelques matelots et quelques Esquimaux sur un glaçon entraîné par les courants et qui fondait peu à peu sous les effluves des vents du sud.

Voici comment la séparation d'avec *le Polaris* avait eu lieu :

Un peu au-dessus du 80° degré, ce navire, pris dans les glaces, se mit à dériver; délivré de sa ceinture, il fut repris par les glaces et dériva de nouveau vers le sud. Le 15 octobre 1871, au milieu d'une tempête, un cri d'alarme se fit entendre : « Une voie d'eau! » En peu de temps, tout le monde fut sur la glace. On y transporta la baleinière, les bateaux, les *kayaks*, des armes, des vivres, tout ce qu'on pouvait sauver. C'était une fausse alerte ; la voie d'eau n'existait pas.

On remettait donc tout en ordre lorsque soudain la glace se brise avec fracas, et le capitaine Tyson ainsi que plusieurs hommes de l'équipage se trouvent séparés du *Polaris*. Georges Tyson avait autour de lui dix matelots et tous les Esquimaux du bord; en tout, dix-huit personnes, dont deux femmes et cinq enfants, un de ces enfants encore à la mamelle. *Le Polaris* restait en vue; mais les naufragés n'avaient ni rames ni gouvernail, et ils demeuraient paralysés.

Fig. 85. — Hivernage du *Polaris*.

Plus tard, Tyson apprit que rames et gouvernail avaient été cachés par des matelots allemands qui, se voyant séparés du navire, voulaient tenter l'aventure du glaçon; ils savaient que, deux ans auparavant, des matelots de leur pays étaient demeurés, pendant plusieurs mois, à l'est du Groënland, sur un glaçon en dérive, et qu'à leur rentrée en Allemagne ils avaient reçu du roi Guillaume une double paye; l'appât d'une récompense incertaine les poussait donc à s'exposer, eux et leurs compagnons, à d'immenses périls; car il est à peine croyable qu'ils en soient sortis.

Tyson et ses compagnons restèrent six mois et demi sur un radeau de glace, épuisés par le froid (qui était de 40 à 50 degrés), dévorés par la faim (ils avaient gaspillé les provisions), vivant des phoques que pêchaient les Esquimaux Joë et Hans, d'un ours qu'ils avaient eu la chance de tuer. Un jour, le glaçon s'émiette; il faut passer sur un autre glaçon. Les malheureux s'abritaient comme ils pouvaient sous des huttes de neige, en proie à toutes sortes de souffrances. Tyson fut soutenu par le dévouement sans bornes des Esquimaux, dont les Allemands indisciplinés avaient tout d'abord juré la perte.

Dans ces conjonctures, Noël arrive. Au milieu de ces épreuves, l'âme de Tyson, de cet ancien harponneur, s'est élevée, son langage même s'ennoblit : « La Noël! » écrit-il avec attendrissement dans son livre de bord, « tout le monde chrétien célèbre la naissance du Sauveur; nous ferons comme les autres. Un peu de joie pénétrera encore une fois dans notre monde de glace, de froid, d'orages, de faim et de ténèbres. Nous sentons bien que Dieu ne nous a pas abandonnés, nous sommes encore ses enfants, il veille sur nous aussi bien que sur ceux qui habitent les villes et les plus somptueuses demeures. » Tyson tenait en réserve un jambon, il le sortit de sa cachette. Chaque homme en eut un morceau gelé, avec deux biscuits et quelques pommes tapées; le sang d'un phoque fournit la boisson.

La nuit continuelle des régions polaires aggravait les

maux et augmentait l'irritation de tous; Tyson craignit plus d'une fois une révolte, une collision sanglante. Enfin, le soleil reparut et le froid diminua. Mais alors survint un autre danger : le glaçon sur lequel les marins du *Polaris* étaient réfugiés se désagrégea, et le 2 avril 1873, il se brisa en morceaux. Heureusement, il leur restait une embarcation, grâce à laquelle on transborda tout le monde sur un autre glaçon.

Enfin, le 28 avril, un bateau à vapeur passe au loin en vue des naufragés. Le 29, ils en voient un autre. Celui-là, à n'en pas douter, se dirige de leur côté; ils crient, ils tirent des coups de fusil, enfin ils sont aperçus. Ce navire libérateur était le baleinier à vapeur *la Tigresse*. Quelle joie! quelles actions de grâces! « Le 5 mai 1873, » dit Tyson, « le dimanche, nous entendîmes le service divin, que le capitaine lut à haute voix à son équipage, qui l'écoutait avec respect. Il y avait pour moi un délicieux rafraîchissement de l'âme à entendre de nouveau ces vieilles et grandes prières de l'Église. »

Nous arrivons à l'examen des observations physiques recueillies par les explorateurs, et qui servent de base aux théories sur lesquelles s'édifient toutes les entreprises qu'on pourra projeter. Ces observations portent sur le plus ou moins d'intensité du froid et sur la chaleur que donne le soleil, sur les courants et particulièrement sur le courant nommé *gulf-stream*.

Il paraît démontré que les pôles ne sont pas les points les plus froids du globe. En ce qui concerne le pôle arctique, des observations thermométriques déterminent deux et même trois pôles du froid, situés, croit-on, dans le nord du Groënland, près de la Nouvelle-Zemble, et dans les environs du détroit de Behring. Ces positions varient, du reste, suivant les saisons. Mais ce qui est significatif, c'est que le froid ne va pas en augmentant à mesure qu'on s'achemine vers le nord. Les naturels de la baie de Baffin donnent aux régions situées au sud le nom de « pays des glaces et des neiges », et la moyenne de température notée par les navigateurs est tout à l'avantage des latitudes les plus septentrionales. Les animaux, on l'a vu dans ce qui précède, vont à l'approche de l'hiver y chercher un climat moins âpre, et on sait que leur instinct est infaillible. Les rennes s'avancent jusqu'au 80e degré, les oiseaux le dépassent : oies sauvages, mouettes, *eider-ducks*, émigrent par bandes, et c'est dans les rochers des îles du nord qu'ils vont faire leur ponte annuelle.

A mesure aussi que l'on s'avance plus près du pôle, la densité de l'air diminue. Diverses explications de ce fait ont été données. Le savant hydrographe Maury attribue les causes de cette raréfaction de l'air et la direction moyenne des vents vers le nord au dégagement des vapeurs produites par l'émersion d'un puissant courant sous-marin, capable de faire affluer au pôle des eaux d'une température élevée.

Lorsque le vent souffle du nord, — et c'est sa direction constante au printemps, — l'atmosphère s'adoucit beaucoup. Ces vents favorisent le dégel et viennent donner aux régions arctiques quelques beaux jours. Il est impossible de ne pas admettre qu'ils se sont échauffés par leur passage au-dessus de terres ou d'eaux d'une température sensiblement plus élevée que celle des régions polaires moins septentrionales.

L'encombrement des mers par la glace provient de la

congélation de leurs eaux, de la neige qui tombe en

Fig. 86. — Mouettes.

abondance dès la fin d'août et des masses qui se détachent des glaciers du rivage. L'eau se congèle ou se transforme en un corps solide à la température de zéro, quand elle est calme et pure. Chargée de sel, elle ne se fige qu'à des températures inférieures, qui peuvent même aller jusqu'à 15 degrés au-dessous de zéro dans l'extrême saturation. Pendant l'hiver, les champs de glace que le dégel a disloqués, mais n'a pu faire disparaître totalement, sont ressoudés entre eux par la glace nouvelle. C'est la glace de formation récente qui, chaque année, cède la première, sous les influences du soleil et des courants tempérés.

« On peut admettre, » a dit le docteur Hayes, « que la surface seule de l'eau se réfrigère assez pour se changer en glace; et que, lorsqu'elle est agitée par les vents, les particules refroidies au contact de l'air se mêlent, dans le roulis des vagues, avec les eaux plus chaudes des couches inférieures. Aussi la glace ne se forme-t-elle que dans les endroits abrités, dans les baies, où le fond est assez élevé et le courant assez peu actif pour ne mettre aucun obstacle à l'action de la température extérieure, ou bien encore, lorsque l'atmosphère est uniformément calme, circonstance assez rare du reste, les vents se déchaînant avec autant de violence sur la mer polaire que dans toute autre région du globe. Les glaces ne peuvent donc couvrir qu'une petite partie de l'Océan arctique et n'existent que dans les lieux où la terre les protège et les entretient. La banquise s'attache aux côtes de Sibérie, et, franchissant le détroit de Behring, elle presse les rivages de l'Amérique, engorge les canaux étroits de l'archipel de Parry, par où les eaux polaires s'écoulent dans la baie de Baffin, traverse cette mer, suit les bords du Groënland, atteint ceux du Spitzberg et de la Nouvelle-Zemble, investissant ainsi le pôle d'un rempart continu de glaces adhérentes à la terre, plus ou moins disloquées en hiver comme en été, et dont les débris, flottant çà et là, sans laisser jamais entre eux de passes bien étendues, forment une barrière que n'ont pas encore pu forcer toute la science et l'énergie de l'homme. »

Quelle peut être l'action du soleil sur la glace pendant cette longue journée de l'été durant laquelle il reste au-dessus de l'horizon? On l'a, croyons-nous, exagérée, en affirmant qu'elle a assez de puissance pour produire la fusion des masses glacées amoncelées par les hivers.

Des physiciens qui ont étudié avec soin les lois de l'insolation semblent trop compter sur ses effets bienfaisants. On leur a objecté, avec raison, que des champs de glace d'une très grande épaisseur ne peuvent être sensiblement influencés par l'action du soleil; que si la Polynia des Russes en particulier n'a d'autre existence que par l'application de ces lois, certaines parties des mers polaires devraient jouir du même bénéfice et offrir aussi de grands espaces d'eau libre, attendu que le soleil a une action égale partout. Bien plus, au nord des continents d'Asie et d'Amérique, les glaces sont maintenues immobiles; la banquise présente partout aux navigateurs un obstacle impénétrable; tandis qu'au nord du Spitzberg et à l'est du Groënland, les courants, par leur direction constante vers le sud, facilitent puissamment la dérive des glaces.

Maury, qui s'est montré fermement partisan d'une mer libre au pôle, explique ainsi qu'il suit le phénomène dont nous parlons :

« Indépendamment, » dit-il, « de la dérive générale des glaces vers le sud, ce que les baleiniers nomment la glace du milieu (*middle ice*), dans la baie de Baffin, prouve qu'il y a chaque hiver une dérive spéciale de glaces qui descendent de l'océan arctique. La glace du milieu est la dernière qui cède à la chaleur de l'été, parce que, venant du nord, elle est plus compacte que les glaces formées des deux côtés du littoral, dans la baie de Baffin et le détroit de Davis. Cette bande de glaces, longue de mille milles (environ 1,600 kilomètres), qui, l'hiver, descend du nord, doit être séparée d'une masse principale; il y a donc de l'eau qui la transporte, et cette eau libre, beaucoup d'autres raisons nous engagent à le croire, ne doit pas être éloignée de l'extrémité nord des détroits qui conduisent de la baie de Baffin à la mer polaire. »

Qu'on nous permette de dire quelques mots des courants.

Les inégalités de température observées dans les régions arctiques trouvent une explication plausible dans la présence ou l'absence d'un courant froid et d'un courant chaud. L'existence de ces courants est un fait incontestable. L'un, divisé en deux branches principales, monte au nord : c'est le courant chaud; l'autre descend du pôle, et ses eaux sont à une température extrêmement basse. Lorsque Guillaume Barentz cherchait, au seizième siècle, un passage au nord de l'Asie pour aller aux Indes, il fut très surpris, étant à la Nouvelle-Zemble, de voir, au commencement de l'hiver, les glaces se détacher du littoral et dériver vers le nord. Voilà une preuve de l'action des courants.

Les voyages modernes en fournissent une autre : l'un des bâtiments de l'escadre d'Édouard Belcher, *le Resolute*, abandonné en mai 1854, près de l'île Byam-Martin, tout à fait au nord du labyrinthe formé par les nom-

Fig. 87. — Les eaux libres du pôle à l'horizon.

breuses terres arctiques situées au delà de la mer de Baffin, fut rencontré au printemps suivant dans les eaux du Canada, en parfait état de conservation. Cette théorie des courants de la mer, si largement étudiée en ce siècle, et qui doit tant au lieutenant Maury, est aujourd'hui assez certaine pour qu'on puisse admirer, dans le tableau

Fig. 88. — Embarquement de l'expédition de Barentz.

d'une double circulation de l'Océan, l'une des lois les plus merveilleuses de la constitution physique du globe.

Une puissante artère va porter les eaux de la zone tropicale au pôle glacé : c'est le *gulf-stream*. En retour, par le détroit de Davis, un courant hyperboréen, s'alimentant à de puissantes sources, descend du pôle et vient rafraîchir l'Atlantique. Aux eaux des grands fleuves asiatiques et américains, suspendus en hiver et qui reprennent leur cours quand le dégel arrive, se mêlent les fontes de neige, abondamment produites par les vapeurs atmosphériques, sans cesse en voie de précipitation sous l'influence du froid. Il y a cette différence entre les courants chauds et le courant glacé, que l'action des premiers est permanente, tandis que celle de l'autre a lieu périodiquement à la fin de chaque hiver.

Il est permis de supposer que la majeure partie des eaux du courant chaud ne se refroidit pas jusqu'au point de congélation, et que, dans les profondeurs du bassin polaire, une masse énorme d'eau tempérée doit fournir à la région qu'elle occupe une chaleur bien plus élevée que celle qui lui serait propre. Les eaux du *gulf-stream*, dont la température initiale est de 30 degrés au-dessus de zéro, doivent conserver, en arrivant au point où elles émergent et s'arrêtent un moment, une chaleur d'au moins 0 degré centigrade.

Mais quel est ce courant assez puissant pour porter jusqu'au pôle la chaleur et la vie? Le lieutenant Maury l'a ainsi décrit dans sa *Géographie physique :*

« Le volume des eaux de ce courant reste invariable. Il n'a pas moins de 3,000 pieds de profondeur et 60,000 de largeur; sa vitesse dans les détroits de la Floride est de 4 milles à l'heure. Si la chaleur transportée par ce prodigieux courant pouvait être utilisée, elle serait suffisante pour maintenir en constante activité un fourneau cyclopéen, capable de donner un courant de fer fondu d'un volume égal à celui du plus grand fleuve. La vie pullule dans les tièdes eaux du *gulf-stream*, qui portent jusque sur nos rivières des milliers d'animalcules phosphorescents. Aussi, dans les nuits orageuses, le grand courant apparaît-il lumineux sur la sombre mer, y traçant comme une voie lactée, plus étincelante que celle qui éclaire la voûte céleste. Le *gulf-stream* est un fleuve au milieu de l'Océan : le volume de ses eaux est à lui seul plus considérable que celui de tous les fleuves réunis. Son lit et ses rives sont d'eau froide, sa couleur est d'un bleu sombre et aisément on le distingue des eaux qui le bordent. »

Fig. 89. — Icebergs à la dérive.

En effet, dans certains parages, la ligne de séparation des rives du fleuve est si nettement tranchée qu'on peut voir, à mer calme, les eaux bleues du courant jaillir sous l'avant d'un navire, tandis que l'arrière est encore dans les eaux vertes de la mer. Sa surface même, enflée dans son milieu, s'élève au-dessus du niveau des eaux environnantes.

Plusieurs théories expliquent la marche du *gulf-stream*. Voici la plus accréditée.

Les eaux glacées des régions du pôle austral sont sans cesse déversées dans l'Océan et forment un courant qui vient se heurter contre la côte ouest de l'Amérique méridionale. Il longe le littoral du Chili et du Pérou, puis s'infléchit dans une direction occidentale à travers l'océan Pacifique. Il baigne alors l'Australie, pénètre dans la mer des Indes, dépasse le cap de Bonne Espérance, et, traversant l'Atlantique, entre dans le golfe du Mexique. La circulation du courant, un moment ralentie, prend une énergie nouvelle par la pression qu'il éprouve dans les limites étroites où il se trouve enserré.

Quand il rentre dans l'Atlantique, le *gulf-stream* poursuit sa route vers le nord, longe les côtes occidentales des deux Bretagnes, de l'Irlande et de la Norvège, dotant les rivages qu'il baigne d'un climat plus doux que celui des mêmes latitudes. Entre le Spitzberg et la Nouvelle-Zemble, le *gulf-stream* rencontre les eaux glacées qui descendent du pôle, et il se divise en deux branches, dont l'une contourne le cap Nord, et l'autre, prenant une direction plus boréale, va baigner la côte ouest du Spitzberg.

C'est grâce à l'influence du *gulf-stream* que certaines régions arctiques jouissent de températures plus élevées que celles de leur latitude. C'est ainsi que l'hiver est relativement fort doux aux îles Bear ou Cherry; qu'il y pleut même au mois de décembre, tandis que, sous le même parallèle, à l'île Melville, par exemple, le mercure reste gelé pendant plusieurs mois. La température de la mer sur les côtes du Spitzberg n'est inférieure, à profondeur égale, que d'un demi-degré à celle des eaux qui baignent les Antilles, tandis que sur le littoral du Labrador, qui est longé par le courant glacé descendant du nord, le refroidissement de l'eau est de 4 degrés au-dessous de zéro.

Les navigateurs, on le sait, rencontrent de grandes montagnes de glace sur les côtes du Groënland et du Labrador. Telle de ces montagnes a un volume de plusieurs millions de pieds cubes et atteindrait une hauteur de plus de 300 mètres au-dessus du niveau du sol. La cause première de la formation de ces montagnes de glace se rattache à l'existence des prodigieux glaciers qui, sur les côtes du Groënland, descendent jusque dans la mer. Cependant, les blocs qui se détachent des glaciers ne forment que le noyau des *icebergs :* un bloc détaché plonge par sa base jusque dans une couche d'eau refroidie au-dessous du point de congélation, et, par ce contact avec de la glace toute faite, l'eau passe à l'état solide. Le bloc ne cesse de s'accroître ainsi dans sa course vagabonde et finit par devenir une de ces monstrueuses montagnes de glace qui épouvantent les navigateurs dans l'océan Atlantique, jusque sous une latitude très avancée vers le sud.

Le Spitzberg, bien qu'il possède aussi d'énormes glaciers, ne nous offre jamais de montagnes de glace qui se puissent comparer, même de loin, à celles du Groënland. C'est que les côtes du Spitzberg sont baignées jusqu'à une latitude de 80 degrés par les eaux encore tièdes du *gulf-stream*, et non point, comme les côtes du Groënland, par un courant froid originaire du nord. De là vient que l'on ne rencontre pas souvent, dans les mers qui entourent le Spitzberg, une couche d'eau très froide, et les noyaux qui se détachent des glaciers ne tombent point dans un milieu favorable à leur accroissement.

Le *gulf-stream* atteint-il comme limite extrême de sa

course le pôle boréal? C'est ce que les observations qui précèdent permettent de supposer. Mais enfin la vérification de cette hypothèse probable n'a pas encore été faite.

On n'est pas fixé non plus sur l'importance du courant chaud du grand Océan qui, remontant le long des côtes orientales du Japon, franchit l'étroit espace qui sépare l'Asie et l'Amérique. Les uns pensent qu'arrivé au détroit de Behring après s'être brisé sur la chaîne des îles Aléoutiennes, il ne porte à travers le détroit qu'un volume d'eau très diminué. D'autres croient, au contraire, que franchissant, plein de force, le détroit, il n'est pas même arrêté par les glaces, qu'il plonge et disparaît sous leur voûte épaisse, et que s'infléchissant de plus en plus à l'est, il va mêler ses eaux refroidies au grand courant de surface qui descend par le détroit de Davis dans les latitudes méridionales. Il appartient aux futurs explorateurs de fixer la valeur de ces données.

# VI.

Les anciennes et les futures explorations. — Les trois routes du pôle. — Le détroit de Smith. — Le détroit de Behring. — Entre le Groënland et la Nouvelle-Zemble. — L'expédition allemande. — Le capitaine Nares. — L'expédition autrichienne. — Les projets de Gustave Lambert. — Coup d'œil rétrospectif. — Wrangel et sa mer libre. — Avenir des expéditions futures.

Les voyages de Kane, de Hayes, du capitaine Nares, au nord du détroit de Smith, de Weyprecht et Jules Payer dans les eaux de la Nouvelle-Zemble, ont prodigieusement agrandi nos connaissances sur la configuration des terres et des mers arctiques situées au nord de la mer de Baffin, c'est-à-dire aux limites extrêmes du continent américain, et au nord de l'Europe.

Dans l'autre hémisphère, un de leurs émules, le capitaine américain Long, commandant le baleinier *le Nil*, entré par le détroit de Behring dans l'océan Glacial, au mois d'août 1867, prétend avoir reconnu, à environ 70 milles au nord du cap Yakan, « une vaste terre couverte de verdure où se jouaient des morses et des phoques ».

L'amiral Kellet fut le premier homme blanc qui vit cette terre, en 1849. Le capitaine Long avait recommandé instamment le choix du détroit de Behring pour une expédition au pôle. Cette voie a été suivie par l'expédition envoyée par M. Gordon Bennett dans les mers arctiques. *La Jeannette*, dont l'objectif principal était la Terre de

Wrangel ou celle de Kellet, n'a pas réussi dans son entreprise.

On se rappelle que ce navire, broyé dans les glaces, a été abandonné par son équipage, dont une partie a péri misérablement sur les côtes de la Sibérie.

Enfin, une troisième route, celle qui pourrait permettre de s'élever au nord dans le large espace qui s'étend entre le Groënland et la Nouvelle-Zemble, a été aussi étudiée par Auguste Petermann. Longtemps, le savant géographe allemand médita l'exécution de ce voyage. Il s'était décidé pour la voie du Spitzberg, en se fondant surtout sur la tentative faite en 1827 par le capitaine Parry, tentative qui fit concevoir tant d'espérances sur la solution de la question dont nous nous occupons. La pointe la plus avancée du Spitzberg vers le pôle, le cap Hakluyt, n'est qu'à 600 milles environ du pôle.

L'expédition allemande partit de Bergen, en Norvège, au mois de mai de l'année 1869.

Le navire *la Germania* était un bâtiment à vapeur jaugeant 90 tonneaux, ayant un équipage composé d'une quinzaine de marins brémois. Ce n'est certes pas le manque de prévoyance qui a fait échouer l'entreprise : tout avait été sagement administré. Mais, cette année-là, les parages du Spitzberg et du Groënland se montrèrent exceptionnellement défavorables à la navigation. La mer se trouva fermée par une barrière de glace infranchissable et *la Germania* ne put atteindre que le 81e degré 5 minutes. Cette latitude n'avait, du reste, été dépassée jusque-là que dans la tentative faite en traîneau par Édouard Parry. Le 10 octobre suivant, *la Germania* rentrait au port de Brême.

*La Hansa*, dont le départ fut aussi encouragé par

Fig. 90. — Les matelots de *la Hansa* sous les tourbillons de neige.

Petermann, parvint à la côte orientale du Groënland, et rencontra des difficultés du même genre.

Depuis, Hall, en septembre 1871, en longeant la côte occidentale du Groënland, n'a passé le 82° degré que de quelques minutes ; de même, Payer et Weyprecht, en avril

Fig. 91. — Résidence d'automne de Schawtka sur la Terre du roi Guillaume.

1874, au nord de la Nouvelle-Zemble, dans le voyage qui leur fit découvrir la terre à laquelle ils ont donné le nom de François-Joseph. Le capitaine Nares, en s'avançant en traineau à l'imitation de Parry, est arrivé si près du pôle nord, qu'il n'avait plus que 170 lieues environ à parcourir pour l'atteindre. On est infiniment moins avancé du côté du pôle sud, où les glaces forment des amoncellements bien autrement considérables; là, on n'a pas encore franchi le 78e degré; 300 lieues séparent donc de l'axe terrestre les régions connues de l'extrémité méridionale du globe.

Rappelons brièvement les conditions dans lesquelles le capitaine Lambert voulait accomplir son expédition.

Gustave Lambert, persuadé que le plus grand danger de la navigation dans les mers arctiques est créé par les montagnes de glace flottante qui peuvent à tout moment broyer un navire, avait choisi une autre voie que celle des détroits du nord de l'Amérique. Les *icebergs* se formant aux bords des côtes, le capitaine Lambert formulait cet axiome : « Fuir les terres. » Le détroit de Behring, par où il voulait pénétrer dans la mer polaire, lui permettait, croyait-il, de se tenir éloigné de tout rivage. L'expédition de *la Jeannette* et, si l'on veut, celle du *Rodgers*, navire envoyé à la recherche de *la Jeannette*, n'ont pas réalisé dans la suite les espérances du capitaine Lambert. Il convient de dire cependant que les marins du *Rodgers* ont visité pour la première fois la Terre de Wrangel : c'est ainsi qu'on avance toujours plus vers le point central.

Le capitaine Lambert se faisait évidemment illusion sur cet espace d'eaux libres que les Russes ont appelé Polynia; c'était, selon lui, l'un des chemins du pôle. Notre regretté compatriote plaçait son projet sous la protection d'un grand nom, en affirmant que Cook avait indiqué le détroit de Behring comme la véritable route du pôle nord, et que la mort empêcha seule l'illustre navigateur de changer cette hypothèse en certitude.

En jetant un rapide coup d'œil sur les principales tentatives faites jusqu'ici, et en réunissant les observations recueillies, nous avons essayé d'établir quelles conditions de succès sont offertes aux promoteurs d'entreprises nouvelles.

Mais combien on perd de temps à chaque expédition nouvelle à refaire une route déjà faite tant de fois, à

Fig. 92. — Résidence d'été de Schwatka.

poursuivre un but déjà atteint; que de fatigues et quel mauvais emploi des forces! C'est souvent à l'état d'épuisement que l'on entreprend de pousser plus loin cette recherche fiévreuse que les devanciers ont abandonnée malgré eux, et qu'on abandonnera soi-même après avoir poussé un peu plus avant la solution des problèmes. Mais à peine est-on arrivé qu'il faut songer à se ménager la possibilité du retour. C'est cette préoccupation qui est fatale. S'il existait à proximité des régions encore inconnues du pôle un ou plusieurs établissements fixes pouvant servir de bases d'opération, les expéditions se perpétueraient pour ainsi dire, et l'énergie des hommes de bonne volonté donnerait des résultats chaque jour plus marqués.

On a donc songé à établir, sur tous les points où l'on est déjà parvenu, sur ceux du moins où il est sinon facile, du moins possible de parvenir, des stations, des postes à demeure, au cap Sheridan par exemple, et encore au Spitzberg.

De la sorte, la recherche se dédoublerait; et, en se dédoublant, les chances de succès s'accroîtraient singulièrement. Des navires partiront sans cesse des ports de l'Europe et de l'Amérique et ravitailleront ces postes; ils renouvelleront les instruments de toute sorte et de toute nature, les barques, les traîneaux, les chiens pour les mener; ils amèneront des marins, des savants, appelés à remplacer les hommes épuisés par la rigueur du climat, découragés ou saisis de la nostalgie de la lumière et de la chaleur, et ces hommes nouveaux, poursuivant avec des ressources inépuisables les explorations commencées, avanceront sûrement sans trop de mécomptes; chaque année marquera une étape, peut-être un succès; avec le temps, les stations se multipliant, le pôle sera comme cerné, bloqué, et enfin conquis. On s'avancera d'un côté par les détroits de Smith, de Kennedy et de Robeson, qui se font suite; de l'autre, par la rive occidentale du Groënland; ici, par le Spitzberg et la terre François-Joseph; là, par la Nouvelle-Zemble; le détroit de Behring ouvrira lui-même sans doute ses champs de glaces impénétrables.

La bonne direction donnée à son entreprise par le lieutenant Schwatka, lors de sa recherche, sur le littoral du Groënland, d'indications propres à nous fixer définitivement sur le sort des compagnons du capitaine Franklin, accusent un progrès notable et de bon augure dans la science des voyages aux régions polaires.

## VII.

Le pôle austral. — Sa ressemblance physique avec le pôle boréal. — Point par lequel il diffère essentiellement. — Dumont d'Urville. — Sir James Ross. — Les volcans *l'Érèbe* et *la Terreur*. — Les deux « glacières » des pôles et le futur déluge.

Le pôle austral a de nombreuses ressemblances avec le pôle boréal. Aussi croyons-nous inutile de répéter ce que nous avons dit sur la nuit polaire, le froid, les glaces, et surtout ces tempêtes durant lesquelles les vagues s'élèvent à une hauteur effrayante, déferlant par-dessus les montagnes de glace les plus hautes, précipitant et brisant ces masses énormes l'une contre l'autre, puis les engloutissant sous une couche épaisse d'écume blanche pour les lancer de nouveau dans l'air et les choquer sans répit avec une violence épouvantable.

Il y a pourtant une différence essentielle entre les deux pôles, c'est qu'on ne connaît aucun habitant dans les terres du pôle sud. Ni Cook, ni les baleiniers, ni Charles Enderby, ni le lieutenant Wilkes, de la marine américaine, ni le capitaine Dumont d'Urville, ni, après lui, James Ross, qui, le premier, s'est avancé au delà des limites de la vie végétale, n'ont signalé d'indigènes sur les terres qu'ils ont découvertes.

« Le danger qu'on court à reconnaître une côte, dans ces mers inconnues et glacées, est si grand, » disait le capitaine Cook dans la relation de son deuxième voyage (1772-1775), « que j'ose avancer que personne ne se hasardera jamais à aller plus loin que moi, et que les terres situées tout à fait au sud, s'il y en a, ne seront jamais reconnues. Les brumes y sont trop épaisses, les tourmentes de neige trop fréquentes, le froid trop aigu, tous les dangers de la navigation trop multipliés. L'aspect des côtes, plus horrible qu'on ne peut l'imaginer, accroît encore ces difficultés. Ces régions sont condamnées par la nature à ne jamais sentir la chaleur des rayons du soleil et à rester ensevelies sous d'éternels frimas. »

Le sillage des navires de Cook a, néanmoins, laissé une trace que d'autres explorateurs ont suivie. Le drapeau de la France a été planté sur les terres antarctiques par notre illustre Dumont d'Urville.

Le capitaine Cook, dont les travaux sont venus en aide à ses émules, n'avait rien exagéré. Dumont d'Urville a raconté toutes les difficultés qu'il a vues surgir devant lui dans le voyage qu'il entreprit, de 1837 à 1840, avec *l'Astrolabe* et *la Zélée :* les îles de glace, falaises dangereuses ne pouvant qu'entraîner à sa perte le navire qui fût venu un seul instant y chercher un abri contre le vent, des murailles droites dépassant de beaucoup la mâture des deux bâtiments de l'expédition : il fallait s'y aventurer comme dans les rues étroites d'une ville de géants, ville ruinée aux toits surplombants. Dans l'épaisseur de ces glaces, la mer s'engouffrait avec fracas dans de vastes cavernes; mais comme dédommagement le soleil d'été dardait ses rayons obliques sur d'immenses parois de glace, semblables à du cristal, produisant des effets d'ombre et de lumière vraiment magiques et saisissants.

Malgré de tels obstacles, accumulés en si grand nombre

Fig. 93. — Les volcans Erebus et Terror, au pôle sud.

qu'il n'a pas encore été possible de s'avancer aussi près de ce pôle qu'on l'a fait au pôle nord, sir James Clark Ross, a vu, de 1839 à 1843, dans les terres antarctiques, des volcans trois ou quatre fois plus élevés que l'Hécla.

Dans la nuit du 27 janvier, mois qui correspond au mois de juillet de France, le capitaine Ross avait jeté l'ancre au milieu d'une mer libre de glaces; lorsque le jour parut, il fut extrêmement surpris de trouver devant lui une montagne s'élevant à plus de 12,000 pieds de hauteur au-dessus du niveau de la mer, et qui vomissait d'épais tourbillons de flammes et de fumée.

Il appela ce volcan le mont *Érèbe* et il donna le nom de *Terreur* à un autre volcan éteint, situé à l'est du précédent; c'étaient les noms des deux bâtiments de l'expédition. « La mer et le ciel, » écrivait alors sur son journal sir W. Hooker, le savant naturaliste de l'expédition, « étaient d'un bleu aussi beau et même plus foncé que celui qu'ils ont sous les tropiques; toute la côte ne formait qu'une masse de pics de neige, d'une blancheur éblouissante qui, au moment où le soleil approcha de l'horizon, prirent des teintes jaune d'or et écarlate de l'éclat le plus brillant : alors s'éleva du cratère une épaisse colonne de fumée, au centre de laquelle étincelait un jet de flammes, la moitié noire comme la nuit la plus obscure, l'autre moitié éclairée par les rayons du soleil; et parfois, quand elle était parvenue en ligne droite à une certaine hauteur, un coup de vent la renversait à angle droit et l'emportait, en l'éparpillant, à une distance de plusieurs milles. Il est impossible de se faire une idée de la grandeur d'un pareil spectacle. »

Le navigateur anglais ne s'est arrêté dans sa course hardie que devant une muraille de glace de 150 pieds de hauteur qui, sur une étendue de 500 milles, présentait un obstacle absolument infranchissable.

Suivant M. Adhémar, l'ingénieux auteur de la théorie des déluges périodiques, la « glacière » du pôle austral n'aurait pas moins de 4,000 kilomètres de diamètre sur 80 d'épaisseur. Si les calculs de M. Adhémar sont justes, l'accumulation incessante de ces glaces éternelles doit, dans l'espace de 10,500 ans, déterminer le déplacement du centre de gravité de la terre et l'irruption diluvienne des eaux d'un hémisphère dans l'autre. Nous y marchons. Mais qu'on se rassure ; nous avons encore une belle marge !

FIN.

# TABLE.